物语诗心

从诗词到物理的思维旅行

阳军亮　杨雨　孙克辉◎著

湖南教育出版社·长沙

缘物之理

以诗之心

序

PREFACE

“格物学”是英文“physics”的早期意译，有儒家“格物致知”之寓意。20世纪以后，“物理学”一词才逐渐普及。物理学是研究自然界中物质的基本结构及其基本运动规律等的科学，包括力、热、声、光、电等经典分支，也不断延拓至量子、粒子、引力、宇宙等前沿和新兴领域。我虽然一直游荡在天体物理学特别是宇宙学的边缘，却一直敬仰大自然格物之理与传统文化之雅遵从的相同韵律；虽常有上下求索而不得的茫然与困惑，但也总是自我安慰“累土而不辍，丘山崇成”。

对文学特别是诗词一窍不通的我要为本书作序，既有被抬举之不安，也有受重托之责任感。也许，物理和诗词从来都不是“对头”：麦克斯韦的方程组以精简工整著称，有如神来之笔，他的爱情诗却婉转动人；诺贝尔物理学奖获得者史蒂芬·温伯格，因其深邃唯美的写作风格，被誉为“诗人科学家”；中国东汉的张衡既是杰出的天文学家，同时也是优秀的汉赋作家和诗人；我敬仰的李政道先生，在《对称与不对称》一书中提到了许多中国元素，甚至认为屈原的《天问》也许是唯一运用几何对称来论证，同时又是用诗的语言写成的绝妙篇章；我国著名凝聚态物理学家冯端院士，写诗六十余年，他说“诗歌和物理彼此相通”。

本书力图把物理、古典诗词和当代生活融于一体，通过塑造“小物”“小诗”“小理”三个人物形象，让他们以穿越时空的形式相遇在“小理的客厅”，其中穿插着许多妙趣横生的科学探索。在物理学纪元里，开普勒打破天体匀速圆周运动的传统观点，提出行星绕太阳运动的轨迹呈椭圆状；斯涅耳和笛卡儿归纳了光的反射定律与折射定律，在光学发展史上留下了浓墨重彩的一笔；苹果落地引发牛顿对地月引力的猜想，万有引力定律悄然萌芽；奥斯特发现磁针方向受通电导线的影响，意识到电与磁密不可分……

“小诗的回忆”则重现了平行时空里的万千思绪。屈原上下求索，长问“日月安属？列星安陈?”；李太白为送别友人入蜀而作《蜀道难》，感叹“青泥何盘盘，百步九折萦岩峦”；白居易被贬为江州司马，于浔阳江头遇歌女奏琵琶，掩泣而作“别有幽愁暗恨生，此时无声胜有声”；苏轼在古城登州幻想着绚烂的海市蜃景——“东方云海空复空，群仙出没空明中”；南宋诗人文天祥心向故国，北上途中慷慨宣言“臣心一片磁针石，不指南方不肯休”；纳兰性德孑然一身，观天上残月，忆发妻卢氏，“若似月轮终皎洁，不辞冰雪为卿热”……

玻尔兹曼曾说：“物理学家并不会因为懂得了彩虹的形成原因是光的散射定律，就失去了对蔚蓝色天空和紫红色落日的感动。”其实，诗人也从未因“理”艰深玄奥而停止观察与感悟。悲天悯人的杜甫就不喜浮名虚誉而偏爱钻研物之道理：“细推物理须行乐，何用浮名绊此身。”有人说，物理背景太深奥，看得到物但悟不透理；也有人说，诗词情思太缱绻，读得懂字却共不了情。其实无论是物理，还是诗词，皆饱含人类对大自然和生活细微处的观察与体悟，正所谓“境自远尘皆入咏，物含妙理总堪寻”。本书试图打破人们对传统“文”与“理”的刻板印象，从每日所记出发，借物之语，品诗之韵，抒内心感怀；以诗之心，缘物之理，罗万象奇思。这其中不仅有物理学与文学的碰撞，还有“情”与“理”的交相辉映。

物理与诗词的交叉与融汇并非始于此，也远不会止于此。愿本书成为文学与物理学两个不同学科碰撞反应的一道催化剂，让“神秘”的物理和“远方”的诗意回归人们的日常生活，更愿每位读者都能在这本书里寻找到属于自己的那份独一无二的共鸣。

中国科学院院士　武向平

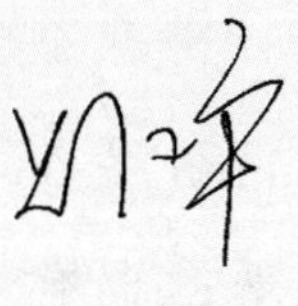

前言

PREFACE

科学与文学是人类智慧的两面，向外观照宇宙万物，向内叩问人性、灵魂。我们的好奇心和探索欲与生俱来，科学所探寻的自然秩序，同时也是文学所关切的日常。从先秦开始，中国古代物理学求索的痕迹就被记录在《考工记》《甘石星经》《墨子》《黄帝内经》《淮南子》《梦溪笔谈》《乐律全书》等著作中，涉及物理学诸多方面的知识和原理，如力学、热学、声学、光学、天文学等方面。20世纪初，中国的有识之士开始努力推进现代物理学研究和应用，出现了一批物理学家。其中，吴有训等人在清华大学讲授物理学课程，为中国现代物理学的发展奠定了基础。中国现代物理学在发展过程中经历了许多困难和挑战，但也取得了许多重要的成果，为推动世界物理学的发展作出了重要贡献。

在壮阔而玄妙的物理世界里，诗性其实无处不在。钱学森曾说过，科学技术工作决不能局限于“科学方法”，还得用到灵感或顿悟思维。正如物理学家理查德·费曼先生所说，或许彩虹的美才是启发笛卡儿数学分析的灵感来源。那些描述物理现象的数学公式虽然看起来很晦涩，但在诗意语言的描绘下，又焕发出动人的美感。当我们用一些形象的比喻来解释复杂的概念，例如黑洞的“吞噬”和量子纠缠的“交织”，那些看不到、摸不着的物质涌动也仿佛能被我们真切感知。

面对未知的自然世界，当我们抱持着近乎本能的热情去感受，深入地去探知背后的真相，那在我们眼前的高山、峡谷、彩虹、星空都会生发出更深层次的美妙。在这个世界里，科学的原理和规律成了诗人灵感的源头活水，诗意的笔墨描绘出宇宙的奥秘和微观的奇迹。同时，物理的概念和现象又被诗人赋予了更加深刻的意义，仿佛它们是诗人心灵的映射；物理也因此注入了动人的情感和不羁的想象，不再是冷冰冰的理论，而是富有感染力和启发性的诗性存在与哲学领悟。两种火花的碰撞带来了跳跃的思维和新的视角，激发了人们对宇宙和人生的探索欲和想象力。

在当代学科细分的大背景下，物理学与文学看似毫不相关，其实本质上都对一切存在深切关注。基于此，本书试图打破物理学与文学两个学科间的森严壁垒，回归现实情境下对真实问题的关注与思考，引导读者理性思维和感性认知充分碰撞、融通，自然而然找到问题的答案。

本书共七章，涵盖了物理学最基础的力、声、热、电、光、天文六大领域。

第一章《轻舟已过万重山——力学之美》由小物畅游秦淮河、体验滑翔伞等故事，引出古人坐船、登高望远等相关诗词，介绍了力学中关于相对运动、惯性、力与相互作用、功和能、力矩与潮汐锁定的基本概念。本章第一、二、四节中的“小物的日记”“小诗的回忆”由黄心怡撰写，“小理的客厅”由孙锡良、黄心怡共同撰写；第三、五节中的“小物的日记”“小诗的回忆”由唐苗撰写，“小理的客厅”由孙锡良、唐苗共同撰写。

第二章《舒卷意何穷——力学之神》通过小七在公园荡秋千、

小物登珠峰等趣事，引出角动量守恒、流体力学、时间膨胀、几何相似与标度律等概念及原理，反映出博大精深的中华文化。本章第一、四、五节中的“小物的日记”“小诗的回忆”由唐苗撰写，“小理的客厅”由彭政、唐苗共同撰写；第二、三节中的“小物的日记”“小诗的回忆”由黄心怡撰写，“小理的客厅”由彭政、黄心怡共同撰写。

第三章《此时无声胜有声——声学之韵》由鸡鸣即起、笛音绕梁等故事，引出古人对声音产生、传播等的思考，用现代声学知识解释了声音的产生、传播、主客观评价及多普勒效应的原因及应用。本章各小节的“小物的日记”“小诗的回忆”由杨雨撰写，“小理的客厅”由阳军亮、刘标、杨雨共同撰写。

第四章《银烛金炉夜不寒——热学之情》从宏观的冷热聊到微观的粒子的热运动，从凄冷的白露聊到燃烧的诗情，通过人们应对冷热变化的探索等，介绍了测量温度的方法、布朗运动、能量守恒定律……本章各小节的“小物的日记”“小诗的回忆”由杨贝贝撰写，“小理的客厅”由银恺、王世良、杨贝贝共同撰写。

第五章《排空驭气奔如电——电磁之奇》从天空中的雷电聊到身边的静电，从万里之外的极光聊到手中的磁石，通过介绍电与磁的相互作用，引出物理学的分支学科——电磁学。本章第一、二、三、四小节的“小物的日记”“小诗的回忆”由周子霖撰写；第五小节的“小物的日记”由罗紫彦撰写，“小诗的回忆”由周子霖撰写；本章各小节的“小理的客厅”由李业军、罗紫彦、周子霖共同撰写。

第六章《云破月来花弄影——光学之魅》从生活中的萤火虫发光、海市蜃楼、彩虹等光学现象聊起，介绍了其中蕴含的物理原理与规律，简述了光学发展的里程碑：古代光学—几何光学—波动光学—量子光学。本章各小节的“小物的日记”“小诗的回忆”由宁静撰写，“小理的客厅”由束传存、肖思、宁静共同撰写。

第七章《星汉灿烂——天文宇宙之谜》主要介绍了宇宙的起源、宇宙的演化、生命的由来、宇宙研究的尺度和宇宙的未来。本章各小节的“小物的日记”“小诗的回忆”由刁婷撰写，“小理的客厅”由孙克辉、熊小努、刁婷共同撰写。

全书的文字统稿和校核由杨雨、阳军亮、宁静负责。

这本书是我们将自然科学与人文科学相互贯通的一次尝试，我们希望通过这个起点，展现一个既智慧又浪漫的世界，开启一条培养既有科学精神又富有生活热情的新一代人才之路。我们相信，无论是一片落叶、一曲笛声，还是一轮明月、一粒微尘，皆有它的奥妙与美丽，值得我们用更全面、更细致的目光去看待。以诗之心，缘物之理，恰是我们想尝试的一种认知方式。我们希望能唤起读者感受世界的好奇心和探求真理的热情，培养他们的跨学科思维和多元文化素养，以更好地应对全球化和信息化带来的挑战，适应未来社会的发展需求。

作　者

2024 年 1 月于长沙

人物简介

CHARACTER BRIEF INTRODUCTION

小物：翻译工作者。毕业于中南大学外语学院英语专业，二外法语，文学学士；工作两年，就业于长沙某翻译公司。外地人，租房独居。酷爱旅游，大学时代即是登山协会副会长；还喜欢听音乐和读书，受好友影响也颇涉猎中国古典诗词。

小诗：从古代穿越到当代的年轻女诗人，学识广博，才情横溢，思维活跃，视野开阔。

人物简介 CHARACTER BRIEF INTRODUCTION

人物简介

CHARACTER BRIEF INTRODUCTION

小理：青年物理学家，有颇为深厚的国学造诣，严谨理性而又不失活泼幽默。

CONTENTS

目录

第一章 轻舟已过万重山

力学之美

1 不知云与我俱东——相对运动

小物的日记

秦淮河上的悠悠往事

2023 年 4 月 18 日，微雨，江苏南京

到了南京，一定要去看看秦淮夜景，去感受“画船听雨眠”的安闲。画舫随着水波摇动，岸边的人越来越远，树木花丛慢悠悠地后退，仿佛老电影里的画面，让人不由得想起朱自清《桨声灯影里的秦淮河》：

“我们坐在舱前……看着那些自在的湾泊着的船，船里走马灯般的人物，便像是下界一般，迢迢的远了，又像在雾里看花……”

船到开阔处，水面的戏台上唱起了《枉凝眉》，演员的歌声飘在十里秦淮上，牵引着记忆穿越千年时空。

小诗的回忆

有了静止的岸，才会拥有一路前行的回忆与希望

对于现代人来说，来一场说走就走的旅行非常方便，而古人虽然也可以乘坐马车或骑马，但相对而言便捷且便宜的交通方式还是坐船，而且能欣赏一路的好山好水。如果是诗人，那么还能在船上吟诗作对，煮酒烹茶，别有一番闲情逸趣。古代诗人不仅常常身在路上，他们的诗也往往诞生于漫长的旅途当中。如陈与义任满经襄邑入京，写下了这首《襄邑道中》：

飞花两岸照船红，百里榆堤半日风。

卧看满天云不动，不知云与我俱东。

陈与义是两宋之交的杰出诗人，北宋灭亡后，他热切盼望着抗击金兵、收复中原，是一位满怀正义的爱国士人。这首《襄邑道中》写于北宋灭亡之前，也就是诗人生活的前半期。这一时期北宋表面上仍然太平繁华，陈与义的诗歌也大多书写承平时期的闲情逸致。他此行入京是为了待选，满怀期望，船上的他怀着愉悦的心情欣赏着汴河堤坝上的榆树，清风拂面，轻轻卷起两岸飞花，一时竟将漂浮的小船也映红了。当他将视线转向天空，悠悠白云也同诗人一起徐徐东行，不慌不忙，自在自得。

如果说宋代陈与义的舟行是悠闲惬意的，那么唐代李白的舟行则显得有些迫不及待了。不信？看看这首《早发白帝城》：

朝辞白帝彩云间，千里江陵一日还。

两岸猿声啼不住，轻舟已过万重山。

这首诗诗题有“早发”二字，第一句又说“朝辞”，是什么原因让李白那么迫切地想离开白帝城呢？故事还要从安史之乱说起。

唐玄宗天宝十四载(755)，唐朝将领安禄山与史思明发动叛乱，史称“安史之乱”。动乱之后，唐玄宗李隆基出逃，太子李亨即位，这就是历史上的唐肃宗。一直抱有做“帝王师”理想的李白，最终接受了永王李璘的再三礼聘，结束在庐山的隐居，成为永王的入幕之宾。唐肃宗至德二载(757)，永王和江西采访使在大庾岭交战，永王中箭后被杀。唐肃宗认为永王出师东巡是借机扩展领土，招兵买马，意在谋逆，因此永王幕下的李白在其兵败后被捕入狱，而后被判长流夜郎。这时李白已经50多岁了，满怀政治热情却遭此迎头一击。“夜郎万里道，西上令人老。扫荡六合清，仍为负霜草。”流放可谓文人的酷刑，人虽未死，一个文人的信念、骄傲却都在离开政治中心的过程中被一步一步地踩碎了。“负霜草”这个比喻十分精彩，诗人已经是无依无靠、饱受欺凌了，却还要背着“谋逆犯”的罪名度过余生。

乾元二年(759)，关中大旱，朝廷大赦天下，死罪改为流放，流放以下全部赦免。李白行至白帝城(今重庆奉节)时忽然收到了被赦免的消息，从不可置信到欣喜若狂。他立即掉转船头，顺着长江疾驰而下，恨不得插上一双翅膀，赶紧飞回江陵(今湖北荆州)。《早发白帝城》就是在这个背景下诞生的。

“彩云”是带色彩的云朵，“彩云间”极言白帝城地势之高，为后续夸张的想象作铺垫。“千里江陵一日还”，从白帝城到江陵，“千里”是空间距离，“一日”是时间距离，空间之远与时间之短的反差形成了一种强大的张力，显示出李白独有的豪放浪漫特质。

堪称神来之笔的“两岸猿声啼不住，轻舟已过万重山”二句接着“千里”和“一日”的时空笔法，又在听觉和视觉上做足了文章，即“猿声”不止，而“万重山”已过，听觉上猿声还未绝，视觉上已经闪过了数万座山。空间和时间，听觉和视觉，巍然不动的群山和迅疾移动的流水与轻舟，共同烘托出李白劫后重生的狂喜。“轻舟”不仅是物理意义上的质量之轻，而且是诗人轻快心情的投射。

余光中称李白“酒入豪肠，七分酿成了月光，余下的三分啸成剑气，绣口一吐就半个盛唐”。李白一生，曾让唐玄宗降辇步迎，曾引足让高力士脱靴，也曾同好友遍游名山大川、寻仙问道，就连辞世都让后人有捞月溺死和饮酒醉死这样奇妙的猜测。这样一位天才诗人，贺知章第一眼见到他就惊呼：这怕不是“谪仙人”吧！

当我们重读《早发白帝城》，仿佛仍能看见如仙的诗人李白，他伫立船头，从炫丽的“彩云间”顺流而下，衣袂飘过千岩万壑，群山与长江从此都吟唱着他的传说……

小理的客厅

云和“我”真的是以同一速度向同一方向移动吗？

+小理：在聊这个话题之前，我们先说点生活中的事吧！小物，你那么喜欢旅行，假设你登上了一列从北京开往上海、时速为 500 千米的高铁，这种高铁性能卓越，车身与轨道间没有摩擦，高速运动时没有声音，车厢也没有震动，此时把窗帘全部拉上，完全看不到外面的景物，你能确定自己在运动吗？

-小物：很显然，不能。

+小理：此时如果拉开窗帘，你发现路边的树在往后退，这个时候你能发现高铁在飞驰吗？

－小物：当然，因为我知道树是静止的。

＋小理：再想象一下，如果窗外有一列高铁飞驰而过，你能判断是你坐的高铁还是窗外的高铁在飞驰吗？

－小物：恐怕不能。曾有好多次，我乘坐的车停靠在站台，有列车从对面驶来，我就会产生我坐的车在行驶的错觉。

＋小理：看来我们是会被自己的主观感觉"欺骗"的。回到今天的话题，"不知云与我俱东"其实是诗人的主观感觉，实际上，云和船的移动并不一定是等速、同向的。因为距离较远，人在短时间内不容易感觉到云动与"我"动之间速度与方向的差别，于是产生了"不知云与我俱东"的感受。

小诗：我明白你的意思了，动与静其实是相对的，就像"轻舟已过万重山"，因为山是静止的，所以诗人才能判断出是水载着小舟飞驰而下。

＋小理：是这个道理。从事物的自然性质看，运动是绝对的，静止是相对的。不与别的物体进行比较，我们就无法知道自己在什么状态，只有比较，才有意义。所以在运动学的研究中，必须设定参考系。如果以地球为参考系，月球是相对于地球运动的；如果以太阳为参考系，月球则是相对于太阳运动的；如果以银河系中心为参考系，那月球又是相对于银河系中心运动的。所谓"坐地日行八万里"，选择的参考系是地球中心，如果以地面为参考系，人坐在家里不动，运动量的改变为零。

－小物：看来人在准确观察和判断自己的运动时，参考系的选择很重要，要不然，我坐在家里不动，比在户外跑步的人运动量还大呢！哈哈！

小诗：这么说来，古人对参考系已经有了不少思考。《淮南子》中写道：

“东家谓之西家，西家谓之东家，虽皋陶为之理，不能定其处。”这说明，如果没有一个恒定的参考系，那么即便是上古的圣人皋陶，也难以做出准确的判断。

+小理： 你所说的是古人在生活中建立的以物度物的相对性思维，这种思维方式已不局限在研究物体运动的范畴了，甚至影响到社会人伦等更广泛的领域。

小诗： 比如“以己度人”“推己及人”“己所不欲，勿施于人”……

+小理： 古人的思想真是令人叹服。我还想说，静止虽然是相对的，只是人类对世界缺乏足够认识之前想象出来的一种状态，但我们可以利用相对静止的原理解决许多实际问题。比如，北斗卫星导航系统中，在赤道正上方的地球同步轨道卫星有着与地球自转相同的角速度，与地球保持着相对静止的状态，从而能够实现对所扫描的区域精准定位；神舟飞船在与空间站对接前会有一个“停泊”阶段，此期间神舟飞船和空间站在同一轨道以相同的角速度运行，因为没有速度差，所以可以利用这个“静止期”修正两者精准对接的数据和位置，以保证对接时的安全；军演中，歼-10战机与加油机对接时也要求两者相对静止。

-小物： 日常生活中的相对静止与运动，其实蕴藏着巨大的实用价值和科学价值。

小诗： “相对”与“绝对”，不仅是物理学探讨的重要问题，而且从很早开始就是中西方哲学的重要命题。《尚书纬》有过这样的描述，“地有四游……地恒动不止，人不知。譬如人在大舟中闭牖而坐，舟行而人不觉也”。由此可见，古人早就有“地动说”的观念，认为四季的形成和地球的运动有直接关系，还提出了“相对运动”的概念——大地一直在运动而人并不知道，就好比人坐在窗户紧闭的大船里，大船在移动而坐在船里的人并未察觉。有了这种早期运动学的认知，便不难理解宋代诗人陈与义会写出“卧看满天云不动，不知云与我俱东”这样的诗句了。

+小理：是的，对“绝对”与“相对”的辩证认识，也经历了漫长的过程。举个好玩的例子，牛顿曾提出绝对时空观，还拥有很多坚决拥护他的“铁杆粉丝”，迈克尔逊和莫雷就是其中特别有代表性的两位科学家。他们越是对牛顿的绝对时空观坚信不疑，就越是想要通过实验去证明它。可是实验做得越多，他们越发现绝对时空观是不正确的，结果这两位科学家反而成了将绝对时空观推下神坛的先行者。

-小物：这可能也是科学的魅力之一吧。人类在无限追求真理的过程中，总会经历种种曲折甚至谬误。

2 射人先射马——惯性

小物的日记

摔跤不能怪门槛太高

2017 年 6 月 18 日，晴，北京

北京的胡同里有楠木的幽香，我和文博坐在人力车上，老师傅猛地转弯，我俩紧抓着扶手才没被甩出去。老师傅在一个院子前慢下脚步，说："这是典型的武官府邸，门当是圆形的，户对儿有六个……"

我走过去拍照，没想到脚下一顿，跌了一跤。我忍不住埋怨文博怎么不提醒我。"我光看建筑了，谁能想到这么高的门槛你看不到呀。"文博笑着说。老师傅摆摆手："还好你速度不快，要是以关公骑赤兔马的速度，可就要栽大跟头咯！"我们对视一眼，哈哈大笑起来。

小诗的回忆

“马到”原来真的是“成功”的关键

传说中，关羽和赤兔马之间的关系，早已超越了将士和战马之间的主从关系。

在《三国演义》的描述中，曹操为了留住关羽的心，特赠赤兔马。关羽爱之若宝，再三称谢：“吾知此马日行千里，今幸得之，若知兄长下落，可一日而见面矣。”后来关羽离开曹操，挂印封金，留下曹操的所有赏赐，唯独带走了赤兔马。关羽兵败被杀后，赤兔马不久也绝食而亡，这份生死相许的战友情谊让人动容。

尽管这个记载不见于正史，但将士与战马之间生死相依的故事并不罕见，“马”也是古典诗词中的重要意象之一。

在冷兵器时代，马作为能够快速移动并且灵活应变的坐骑，与将士的生命息息相关，甚至还能影响战争的胜负。能否拥有一匹在枪林箭雨中勇敢冲刺、听凭骑手指挥的战马，是决定将士生死成败的关键。无数次出生入死，将士和战马之间也形成了特殊的默契。

曹操的爱马绝影，中了三箭后仍然忍痛疾驰，带着曹操渡河上岸，逃出敌军的围堵，之后被追兵一箭射中眼睛，才倒在了地上。绝影是大宛良马，又与曹操相伴多年，因此能忍痛护主。

一般未经训练的马，和主人没有足够的默契和信任，容易受到惊吓，在冲锋陷阵时极容易受惊而违抗命令，转头逃跑，把主人掀翻在地。

杜甫的《前出塞九首》(其六)就写到了将士与战马之间这种唇齿相依的关系。

挽弓当挽强，用箭当用长。

射人先射马，擒贼先擒王。

杀人亦有限，列国自有疆。

苟能制侵陵，岂在多杀伤。

这首诗中的经典名句“射人先射马，擒贼先擒王”，可谓一语道破决胜关键。“射人先射马”说的是，马在全速冲锋时会因被射中受痛本能地突然减速，而马背上的骑手仍然保持着冲锋时的速度，从而会因速度不同跌落在地。“射人先射马，擒贼先擒王”后来还成了比喻做事要抓住主要矛盾的俗语，一直活跃在我们的口语中。也许有人会好奇：从未服过兵役也未曾到过边塞的杜甫，是怎么写出脍炙人口的《前出塞九首》，并且看上去似乎对战争关窍还颇有研究的呢？

首先，虽然杜甫既没有从军也没有出塞的经历，但他一定阅读过有关兵役、徭役的文献，有着丰富的知识储备，才能创作出“出塞”题材的组诗。《前出塞九首》描述的是士兵对于当时拓边战争的看法：杀人要有限制，各国都有自己的边界，国防军备为的是保家卫国，而不是侵略攻击。只要能够制止外敌入侵就行了，打仗的目的绝不应该是多杀人啊！

其次，杜甫是一个对现实、对时代有足够关注和深入思考的诗人。《前出塞九首》写于安史之乱之前，当时的唐朝空前强大，唐玄宗好大喜功，发动了一系列开疆拓土的战争。社会繁荣让民众充满豪情壮志，积极承担家国责任，又对建功立业充满信心。然而在盛世表象之下，社会矛盾加剧，连年征战让无数老百姓承受着骨肉分离的痛苦，杜甫敏锐地捕捉到了穷兵黩武给社会带来的矛盾冲突，于是以一个普通征夫的视角，写出了士兵面对战争时的复杂情绪。

最后，作为一名高明的诗人，杜甫把自我形象、征夫形象以及士兵形象进行了融合处理，以第一人称“我”讲述从军十余年的经历，叙事、抒情与议论兼而有之，使得征夫这一艺术形象所见所感所诉更加真实感人，更能得到读者的情感共鸣。

《前出塞九首》(其六)以议论为主。此时的士兵已有万里从军的切实经历，他承受着背井离乡的思念之痛，也练就了一身横刀立马的过硬本事；他立下过誓死许国、拜将封侯的慷慨壮志，也有过征途漫长、前途渺茫、生死难卜的担忧；他有着普通士兵的情感与困惑，同时也在战争的历练里日渐成长，并形成了深刻的理性反思。

《前出塞九首》(其六)就是这些反思的结论之一。拉弓就要拉强弓，用箭就要用长箭；射人要先射他的马，擒贼要先制服他们的首领。这些都是士兵在战场上学到的本领和经验。这些本领和经验在发挥作用之后又让士兵进行了更深层次的思考：一个人的武功再强大，他能杀死的人还是有限的，而一个国家再大终究也是有边界的，只要能够制止敌人入侵就可以了，又何必以杀人为代价来满足无限扩充疆土的欲望呢？

在杜甫看来，不管是挽强弓、用长箭，还是先射马、先擒王，都应该以“制侵陵”为目的。这看起来是士兵的思考，实际上是杜甫把自己崇高的儒家仁爱精神和强烈的忧患意识融入人物形象之后的自我表达。

小理的客厅

今日沙龙话题：如何适应惯性，并且对抗惯性“倔强”？

–**小物**：走路不小心被绊倒，过门槛不小心摔跤，即使是非常有经验的军中大将，也没办法控制疾驰或者突然受伤的战马。人在很多状态下为什么总是不由自主？

+小理：这听上去是个哲学问题，其实还是一个物理问题。今天我们就来讨论一个万物皆有的属性——惯性。所谓惯性，就是物体所具有的保持原有机械运动状态的性质，物体在不受外力或所受外力的合力为零的情况下，将保持静止或作匀速直线运动，这个规律也称为惯性定律。通俗来说，如果没有受到外力作用，物体将保持原来的状态不变，它有一种对抗改变的“倔强”。

-小物：可是完全不受外力作用，毕竟只是一种理想状态。我们在生活中总是会受到各种外力的作用，甚至很多时候这种外力并不在我们的预料之中，所以应对外力的能力就显得更加重要了吧！

+小理：对呀！就比如你刚刚提到的，当脚踢到门槛或路面障碍物时，脚受到门槛或路面障碍物的阻力而停止，但上肢仍保持原来的速度，身体上下出现位置的改变，导致重心下移而摔倒。“射人先射马”就是这个道理。把马作为攻击目标，马中箭可能会急倒，战士受惯性作用前冲，就很容易从马背上摔下来。要想克服此类惯性，最好的办法是思想上要有准备，做足预判，行动上也可以做些防护，比如乘车时系好安全带，就是我们为了克服惯性而做的保护性措施。

小诗：军人纵马，文人骑驴，马和驴似乎是军人和文人的“标配”。孟浩然、李贺、孟郊、贾岛、王安石、陆游等很多大诗人都给我们留下了骑驴吟诗的印象。想想也是啊，如果诗人在驴背上推敲诗句，即便驴突然停下，诗人也不会从驴背上摔下来，因为驴的速度很慢。赤兔马就不一样了，一般的战马也难以望其项背，更别说驴了。它是“日行千里，夜行八百”的神马，驰行时速超过60千米，堪比现代小汽车，所以就算是五虎上将关羽骑在它身上，也无法克服强大的惯性。

+小理：说到惯性，大家总是会联想到牛顿。其实，我们现在公认的惯性定律，并不是牛顿一个人突发奇想的结果，它是很多科学家思想交汇与碰撞的结果。早在1632年，伽利略就在《关于两大世界体系的对话》一书中提出了惯性原理，驳斥了亚里士多德的外力是维持物体运动的说法。1644年，笛卡儿在《哲学原理》中写道："完全有理由假定，上帝在创造物质的时候，就赋予物质各部分以不同的运动，而且使所有物质保持创造出来的那个时候所处的方式和状态。所以，上帝也就使这些物质保持着原来的运动的量。"牛顿阅读了伽利略和笛卡儿的著作，在此基础上于1687年出版了《自然哲学的数学原理》一书，三大运动定律(惯性定律、加速度定律、作用与反作用定律)和万有引力定律从此成为经典力学的基础。

小诗：其实中国古人早就发现了惯性的奥秘。现在广泛认为《考工记》中的"马力既竭，辀犹能一取焉"，是关于惯性最早的阐述。这句话的意思是，马停止施力后，车还能往前再走一段距离。《墨子》中的"止，以久也""无久之不止"，意思是运动停止是由一个反向的力引起的，如果没有这个反向的力，运动就不会停止。还有元杂剧《钟离春智勇定齐》中的"你如今船到江心补漏迟，抵多少临崖勒马才收骑"，也是对惯性的朴素理解。"悬崖勒马"这个成语就非常形象地体现了惯性现象。

－小物：既然惯性是普遍存在的，我们就得了解它的大小跟什么有关系。

＋小理：惯性的大小与物体的质量成正比。举个生活中的例子，一个身体偏胖的人和一个身体消瘦的人以同样的速度奔跑，如果裁判员突然发令让两人停下来，偏胖的人就比消瘦的人困难很多。这反映了惯性的大小与物体的质量成正比，质量是量度物体惯性大小和引力作用强弱的物理量，又称惯性质量。

－小物：这也就是摔跤、柔道等比赛都要按体重分级的原因吧？

＋小理：没错。无论摔跤还是柔道，运动员的目标都是改变对方的故有状态，或者说克服惯性，而惯性又与质量成正比，质量越大的人，想要改变他的状态的难度就越大。一个体重 50 千克的人想要改变一个体重 200 千克的人的原有状态，其难度非常大。你们应该也发现了，相扑运动员都是“大胖墩”，其质量、惯性比较大，运动状态比较难改变，也就不容易被推下土表，所以相扑选手又被称为“惯性男人”。

－小物：那么，人们在明知惯性不可克服的情况下，能不能通过事前训练适应惯性？

＋小理：当然可以，而且还是必须的。举个例子，飞行员由正常飞行转为急速拉升时，处于显著的超重状态，会导致头部缺血、眼睛发黑，简称“黑视”，看东西模模糊糊，甚至什么也看不见，随后还会发生晕厥，飞机将不再受飞行员的控制，随时有机毁人亡的危险；如果飞行员上拉后急速向下俯冲，有另一种风险叫“红视”，飞行员可能会头部充血，视场变红，头部剧烈疼痛，脸部肿胀，眼睛无法睁开。2018 年 4 月 4 日，美国“雷鸟”飞行表演队的一架F-16 战斗机在内华达州空军基地进行飞行训练时，由于飞行员无法承受大过载晕厥而导致坠机。

－小物：如何解决“红视”和“黑视”两个因惯性引起的问题呢？

＋小理：通常的做法是对飞行员进行固定滚轮训练、旋梯训练等。以上训练的目的都是提高飞行员抗眩晕的能力，只要达到足够的训练量，他们一般都能克服飞行过程中的惯性。受过长时间严格训练的飞行员，一般能够承受 5 个 g 左右的超重和负过载 3 个 g 以上的失重。不过，当身体状况不佳时，这个极限值可能会缩小。

小诗：惯性让我联想到了一个有意思的问题，人的习惯是否可以理解成一种惯性呢？孔子说："少成若天性，习惯如自然。"习惯一旦形成，便如同给了人一个初始状态，如果没有外界因素影响，就不会发生改变。它可以大到什么程度呢？培根曾说："习惯真是一种顽强而巨大的力量，它可以主宰人的一生。"人的习惯是如此，社会的习惯也是如此。当习惯已经不再适应社会进步和发展的需要，而成为故步自封的束缚，那社会习惯就需要改变，这也许就是历史上有诸多改革的原因吧。

－小物：就像商鞅和王安石，他们都是通过改革来达到富国强兵的目的，也取得了较明显的效果。但无论是商鞅还是王安石，都选择了"临崖收缰式改革"和"急刹车式改革"，从惯性规律来看，这是非常难实现的。如果不充分考虑社会承受力，甚至轻视民众的思维惯性，那么再轰轰烈烈的改革，也会像坠崖的战马一般消失于历史中。

小诗：我还有点好奇啊，古人做梦都想飞到月亮上去，人类如果真的搬迁到月球，对惯性的感觉会有变化吗？

＋小理：这个问题问得非常好，惯性定律不只在地球上适用，在月球上也适用，并且在整个宇宙中都适用。它是一个普适性规律，或者说是物体的固有属性，只要有质量，就会有惯性。质量大小决定着惯性的大小。一个人如果降落到月球上，他的惯性大小跟在地球上一样。虽然受不同天体的引力的影响，人的重量发生了变化，但人的质量并没有改变。所以，假如某一天宇航员可以在月球上开车，也必须要系好安全带哦！

3 无边落木萧萧下——力与相互作用

小物的日记

自由飞翔是我的梦想

2020 年 7 月 28 日，晴，长沙黑麋峰滑翔伞基地

“跑起来……”教练在我身后喊道。我奋力往前跑着，滑翔伞瞬间飞了起来。教练不断调整着方向，我坐在坐垫上，最初的一点紧张消失得无影无踪。这是我第一次感受张开“翅膀”在天空飞翔的奇妙，也是我第一次从这个角度眺望自己生活的城市。我闭上眼睛，体会着被山风温柔托举的感觉……

不知不觉间，教练的声音在耳边响起：“准备落地，抬起双腿。”虽然还没尽兴，但我听话地抬起了双腿。着陆很平稳！这时一片落叶飘过，我的目光追随着它，直到它落到很远很远的地方。

小诗的回忆

落叶的况味不仅仅是悲秋

落叶飘零，是秋天常见的自然现象。在文学世界中，文人对落叶的吟咏又夹杂着另一番滋味——感伤时间的流逝，诗人经常借此感叹有限的生命和无限的追求之间的矛盾。落叶悲秋，成了中国古典诗歌的永恒旋律之一。

早在战国时期，屈原笔下就写过落叶悲秋的主题："袅袅兮秋风，洞庭波兮木叶下。"(《湘夫人》)在袅袅秋风中，树叶飘落在洞庭湖上，随着湖面的波纹微微荡漾，诗人的秋思与愁思也随之荡漾开来。这两句诗因其意境之美而被誉为"千古言秋之祖"，也从此奠定了落叶悲秋的经典组合。屈原以后，描写落叶悲秋的佳作名句层出不穷，直到杜甫的那首《登高》出现，这一份秋天的诗意被推向了新的境界。

唐大历二年(767)，杜甫一家从成都漂泊到了夔州(今重庆奉节)瀼西的一座草堂，一家人暂时在这里安顿下来，并在这里迎来了又一个重阳节。

登高思亲、赏菊饮酒是重阳节的传统，即便是在颠沛流离的境遇之中，杜甫也仍然念念不忘生活中的那一点仪式感。更何况，他们现在所在的地方，又是最适合登高的夔州呢！李白不是写过"朝辞白帝彩云间"嘛，夔州的白帝城可是一个高耸入"彩云间"的地方。

虽说是巧妇难为无米之炊，但贤惠的妻子依然为杜甫准备了一顿像样的节日午餐。坐在桌旁，看着比平时丰盛得多的美味佳肴，杜甫带着期待甚至是哀求的眼神看向夫人，他什么也没说，但夫人心领神会。"郎中再三交代过了，夫君现在的身体实在不能再喝酒了。"夫人的语气温柔却坚定。

杜甫知道夫人是对的，他不再坚持。吃完午饭，杜甫独自走出家门，来到波涛滚滚的长江边。九月的江风将杜甫满头的白发吹得凌乱不堪，远处的深山里还时不时传来一声声猿啼，俗话说“巴东三峡巫峡长，猿鸣三声泪沾裳”，那猿啼又一次增添了诗人内心的愁苦，诗人一时悲从中来，写下一首被后人誉为古今七言律诗之冠的《登高》：

风急天高猿啸哀，渚清沙白鸟飞回。
无边落木萧萧下，不尽长江滚滚来。
万里悲秋常作客，百年多病独登台。
艰难苦恨繁霜鬓，潦倒新停浊酒杯。

诗人站在长江岸边，隐约能看到江中的小洲上，成群的鸟儿在低空徘徊着。正是秋风萧瑟的季节，树上的黄叶在风中盘旋飘落，滚滚的长江水也正汹涌地向着大海涌去。“无边落木萧萧下，不尽长江滚滚来”，这联千古名句，仿佛将一幅波澜壮阔的夔州三峡图展示在读者面前。“无边”对“不尽”，诗人尽情挥洒着长江的豪迈气势；而“落木”对“长江”，这是诗中出现的唯一的名词对，也是这幅图画中最核心的内容，它们是此时此刻杜甫眼中“最秋天”“最夔州”的物象，是今年重阳登高记忆中最典型的意象。落木萧萧，长江滚滚，它们在自然规律的支配下，变成了深秋中它们应有的样子，优美而又悲怆；诗人也在多年的奔波和穷困中，变成了登高时万般苦闷的自己。

“万里悲秋常作客，百年多病独登台”，此时的诗人已百病缠身，家乡远在千里万里之外，亲人杳无音信，客居夔州的他，回想起曾经登高望远的那些重阳，更添一份类似王维“遥知兄弟登高处，遍插茱萸少一人”的哀伤。诗人在时代的动乱中迅速衰老，国家仍然前途未卜，时代的动荡远未休止，他深感无能为力，年华如滚滚长江一去不复返，愁思也如滚滚长江般没有尽头。

牵挂亲人安危，忧心家国命运，这是杜甫在悲秋中寄托的深挚情怀。清代才子纳兰性德在深秋的落叶中寄托的痴情同样令人黯然神伤。

浣溪沙

谁念西风独自凉，萧萧黄叶闭疏窗。沉思往事立残阳。

被酒莫惊春睡重，赌书消得泼茶香。当时只道是寻常。

这是纳兰性德悼念亡妻卢氏的经典名作。猎猎西风中萧萧飘落的黄叶以及紧闭的门窗，诉说着深秋的荒凉，独自伫立在残阳中的诗人，却仿佛忘记了彻骨的寒冷——因为他的记忆，早就定格在他和妻子相依相伴时的春天：他们一起赏花，一起赌书，一起烹茶，一起醉酒。他们在一起的每一天，无论春夏秋冬，都是最寻常却又最温暖的岁月。妻子离去后的每一天，无论春夏秋冬，对于独自飘零在人间的纳兰性德而言，都只有“萧萧黄叶闭疏窗”的无尽悲凉。

小理的客厅

今日沙龙话题：到底是什么样的力量让树叶如此义无反顾地离开树？

小物：小诗，中国古代的诗人，像杜甫，为什么会因落叶而悲秋啊？

小诗：因为落叶反映了诗人的情绪，人总是喜欢向上的趋势，也喜欢自由地飞得更高，更愿意“晴空一鹤排云上”，而不愿意“无边落木萧萧下”。想想树叶飘落的过程，它慢慢下落，若遇着大风吹来，轻飘飘的它便会时上时下、漫无目的地飘飞。这在敏感的诗人眼中，很容易引起无限感慨：这树叶不正如身似飘蓬、身不由己的自己吗？所以忧国忧民的杜甫，看到“无边落木萧萧下”时会生出国运飘摇的忧患感。

+小理：原来如此！从物理学角度看，树叶离开树枝向地面飘落的过程，主要受到重力但又不仅是重力的作用。重力，是一种最为常见的力，它是万有引力的分力，所有与地球联系在一起的物体都受到地球的引力作用，都有重力。

–小物：说到力，我并不感到陌生，因为它太朴素，很容易被感知。“好风凭借力，送我上青云”和“向来枉费推移力，此日中流自在行”等诗句讲到了力，“白毛浮绿水，红掌拨清波”体现的似乎是浮力，“力大如牛”“臂力惊人”“力拔山兮气盖世”等道出了力的作用。那么，力的本质究竟是什么呢？

+小理：你刚才提到了古人在日常生活中观察到的力，简单讲，力就是物体间的相互作用。这里我要强调一下“物体间”这个说法，它意味着只要出现力，就至少有两个物体同时出现，力不能单独存在，力的本质就是相互作用。“有劲无处使”是因为没有作用对象。牛顿第三运动定律中说，两个物体之间的作用力和反作用力，大小相等，方向相反，且在同一直线上。

–小物：我听懂了，但我有一个疑问，既然作用力与反作用力的大小相等，方向相反，那么假如将泰山搬到某人的头上，泰山对人的作用力的大小为泰山的重量，则人对泰山的反作用力的大小必然等于泰山的重量，这样泰山就可以被人顶起来吗？

小诗：生活经验告诉我，肯定不是这么回事。但从物理学的角度，该怎么来理解这个问题呢？

+小理：从物理学的角度看，这种情况的作用力与反作用力一定是大小相等且方向相反的，但产生的效果不一样。我说的效果指的不是主观感受，而是各自的形变。相对于人体而言，泰山承重能力强，受压形变会很小，人如果站在泰山顶上，泰山受到的压力与对人的支持力大小相等，泰山把人顶起来很容易。但两者如果倒过来，人体承重能力弱，泰山压顶，人的形变就会很大，会被压扁甚至压成肉泥。

－小物：这就是说，只要最后达到平衡状态，一定还是作用力等于反作用力，但较为脆弱的那一个可能已经不是原来的形态了。当然，我们现在说的还没有考虑受力双方的主观感觉。

小诗：如果考虑主观感觉，比如对手一巴掌打在我的脸上，对方的手掌和我的脸受到的作用力和反作用力大小一定是相等的，但是对方和我产生的疼痛的主观感觉是不一样的。毕竟，我不能用脸去反击对方的巴掌呀。

＋小理：力只要发生，便有效果。除了刚才说到的形变效果，还有另外一种效果，即力可以改变运动状态。比如我们上次讨论的惯性定律，让一个初速度为 10 米/秒的小车在一个无摩擦力的平面上做匀速直线运动，即使不再施加任何力，它仍然能维持原来的状态，但如果我们给这个小车一个反向推力，小车速度会变慢甚至会停下来。

－小物：我还有一个问题，既然力是物体间的相互作用，是不是意味着只有相互接触才会产生力？

＋小理：这个理解有点偏差，相互作用不等于相互接触。通常来讲，力有大小、方向和作用点，但作用点不等于接触点，比如地球与月球之间有引力存在，一个物体从空中落向地面，也是因为受到地球的引力作用，但它们之间并没有接触。

－小物：我有点糊涂了，从主观感觉上看，物体的重力不就等于地球对它的引力吗？可你之前说重力只是引力的一个分力，这是怎么回事？

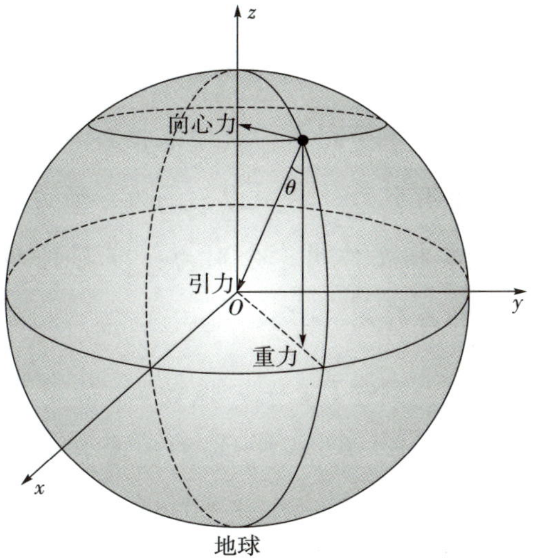

图 1.3－1　重力与引力示意图

+小理： 这里又要多说几句了，重力并不等于地球对物体的引力。地球本身要自转，除了两极以外，地面上其他地点的物体，随着地球一起围绕地轴做近似匀速圆周运动，需要一个力来维持运动状态，这个力称为向心力。向心力并不是真实存在的力，只能由地球对物体的引力来提供。所以，我们可以把地球对物体的引力分解为两个分力：一个分力，方向指向地轴，大小等于物体绕地轴做近似匀速圆周运动所需的向心力；另一个分力就是物体所受的重力。说个有意思的现象，西藏和广州处在不同的纬度，物体指向地轴的向心力大小不一样，其重力大小也会不一样。①

---

① 在地球表面附近，g 值通常为 9.8 N/kg，表示质量是 1 kg 的物体受到的重力是 9.8 N（9.8 N 是一个平均值，在赤道上 g 最小，$g=9.79$ N/kg，在两极上 g 最大，$g=9.83$ N/kg）。因为 g 值的不同，相同质量的物体放在地球的不同位置，它的重量会不一样。质量为 1 吨的货物，放在纬度 45° 的海平面上过磅称重是 1 吨；运到赤道过磅，它的重量为 0.9973 吨；运到北极地过磅，它的重量是 1.0026 吨。

小诗：我国古人也早就发现了重力现象，比如唐朝诗人韦应物在《秋夜寄丘二十二员外》中写道：“山空松子落，幽人应未眠。”寂静的山中，松子纷纷落下，这松子就如同牛顿的“苹果”吧。

+小理：是的。在现代科学研究中，科学家把自然界的所有力归结为四种基本力，分别是：万有引力，电磁力，强力，弱力。有了四种力，与之相对应就有四种基本相互作用，分别为：万有引力作用，电磁力作用，强相互作用，弱相互作用。

小诗：说到电磁力，我想到了《管子·地数》中的记载：“上有慈石者，下有铜金。”那时的人称“磁”为“慈”，他们把磁石吸引铁比作慈母对子女的吸引。

+小理：我很佩服古人，总能将自然界的各种现象与人的感情联系起来，这大概也是古诗魅力如此之大的一个原因吧。在物理学中，电磁相互作用力指的是处于电场、磁场或电磁场的带电粒子所受到的作用力。

小诗：遗憾的是，那些强力和弱力涉及的神秘世界咱们祖先似乎没有观察到。

+小理：强相互作用力是作用于强子之间的力，比如夸克间的作用力；弱相互作用力只作用于电子、夸克层子、中微子等费米子，并制约着放射性现象。强相互作用力和弱相互作用力都是微观世界的作用力，是两种没有直观感觉的作用力。

-小物：力从朴素的感知上升到科学分类，再到四种基本相互作用，整个世界似乎就统一起来了。

+小理：四种基本相互作用充分且深刻地揭示了事物之间的因果联系，这四种基本相互作用是世界之所以是现在的世界的根本原因。爱因斯坦把他后半生的精力献给了进一步统一四种基本相互作用这一事业，在他的影响下，统一场论成为物理学的重要研究方向。我国著名科学家杨振宁教授提出的杨-米尔斯理论，就是在这一领域作出的非常杰出的贡献。

4 会挽雕弓如满月——功和能

小物的日记

论射箭如何让我变得更帅气

2022年8月23日，晴，长沙

这一周我都待在书房里翻译文稿，其中提到了英国长弓兵大胜法国重装铠甲兵，这让我对楼下的弓道馆感兴趣起来。

来到弓道馆，引导员介绍这里使用的弓叫和弓，标准长度为2.2米。

“那怎样才能拿稳射准呢?”我问道。

“这跟握力有关，如果握力不足，放箭的时候方向不稳，箭就会乱飞。射型也是影响因素之一。和弓拥有美丽的弓型，我们要练出标准的射型，才能射出漂亮的箭。”

小诗的回忆

弓要拉满才能射得更远

北宋神宗熙宁七年(1074)的秋天，苏轼调往密州(今山东诸城)任知州。刚刚上任，苏轼就遭遇了这里的旱灾和蝗灾。他深入民间了解百姓疾苦的时候，经验丰富的老农告诉他，大旱往往会引起蝗灾，要想对蝗虫斩草除根，除了火烧、土埋外，还必须尽快缓解旱情。因此苏轼一边改善水利设施，一边亲自到常山去求雨。

说来也巧，也许是他这番为民除害的诚意感动了上天，求雨回来的路上就刮起了大风，当晚就痛痛快快下了一场大雨。这场大雨一下，不仅旱情大为缓解，蝗灾的隐患也得以消除，老百姓额手称庆，苏轼也喜不自禁地写下了喜雨的诗篇。

除了缓解迫在眉睫的旱灾和蝗灾，苏轼还雷厉风行地为百姓做了许多排忧解困的好事。例如，密州地方穷，再加上此前连年天灾，很多老百姓饥寒交迫，根本没有办法养活一家人，在百般无奈的情况下，很多人不得不将刚出生的婴儿抛弃。苏轼看在眼里，痛在心上：如果不是生计实在艰难，为人父母者怎么忍心将自己的亲生孩子活活抛弃！他下令仔细盘查官仓中储藏的余粮，将剩余的几百石粮食专门找了个仓库存放起来。老百姓中凡是有愿意收养弃婴的，每收养一个，由官府每月发放六斗粮食作为补贴。渐渐地，弃婴越来越少，那些收养弃婴的家庭也与弃婴慢慢培养出了亲情，养父母对收养的孩子视若己出，弃婴也能感受到来自父母的温暖和抚爱，彼此都舍不得分开了。以这样的方式存活下来的弃婴竟然达到了好几千人。密州的老百姓无不感念苏轼的智慧和仁爱。

熙宁八年（1075），苏轼再次赴常山为民祈祷。因为政事已经渐渐理顺，苏轼的情绪也高涨了许多。回程路上，他兴致勃勃地向随从的僚属建议：时间还早，天气又这么好，咱们不如来一场狩猎，也好好活动活动筋骨。

密州被认为是最早的东夷人聚居区，有着悠久的狩猎传统，一代文豪苏轼在“民俗武悍”的密州，不免也受到了这种尚武气氛的感染。大家眼里的苏轼平时显得温文尔雅、乐观豁达，很少能看到他威武雄壮的一面，所以一听知州如此提议，大家当然是一呼百应，欢欣鼓舞。

于是乎，山林中骏马奔腾，当离弦之箭呼啸而过的时候，人们都不由得屏息而待，不一会儿，树林里就传来了欢呼声：又射中了！

平时苏轼或埋头处理公务，或吟诗作赋、挥毫泼墨，或穿上便服到田间陌上视察民情，难得打猎，他尽情展示了雄姿英发的一面。

这次打猎，大伙儿可谓尽兴而归。苏轼抑制不住兴奋之情，回家之后挥毫写下了千古名篇《江城子·密州出猎》：

老夫聊发少年狂，左牵黄，右擎苍，锦帽貂裘，千骑卷平冈。为报倾城随太守，亲射虎，看孙郎。

酒酣胸胆尚开张。鬓微霜，又何妨！持节云中，何日遣冯唐？会挽雕弓如满月，西北望，射天狼。

四十岁的苏轼自称“老夫”虽然显得太早了一点，但起首一句“老夫聊发少年狂”就已经豪气逼人，苏轼那种特有的豪迈之气扑面而来：你看他左手牵着黄色的猎狗，右臂架着凶猛的苍鹰，头戴锦帽，身穿貂皮大衣，率领千余人马在山林中左奔右突，追逐着猎物。

这次出城去常山祭祷和打猎，除了密州知州苏轼之外，官员们几乎是倾城出动，队伍之壮观，声势之浩大，确实令人倍增豪情。“亲射虎，看孙郎。”即便是平时文质彬彬的苏轼，在猛兽面前也丝毫没有怯懦和退缩，而是拉满雕弓，镇定从容地一箭射中目标。

“亲射虎，看孙郎”用到了一个著名的典故：孙郎指三国时期东吴的孙权。据说有一年秋天，孙权在出行的途中遇到老虎，凶猛的老虎咬伤了孙权的坐骑。突如其来的危险没有让孙权丧失理智和勇气，他反应极其敏捷果敢，立即将手中的双戟猛力投出，一投便击中老虎，随后在侍从的协助下捕获了这只垂死挣扎的老虎。

这次出猎，苏轼是不是也像孙权一样亲自射杀老虎，我们已经没有办法考证了。不过结果并不重要，重要的是苏轼以孙权的勇敢自比，充分展现了他打猎时勇猛的风采。

打猎凯旋，自然要畅饮庆贺一番。几杯烈酒下肚，苏轼的豪情壮志更是被充分激发出来。两鬓有些发白又有什么关系呢？我有的是力量，有的是智慧，有的是报国的热血和激情，只要给我机会，我也会立下大功大业报效国家。“持节云中，何日遣冯唐”又用到了一个典故：关于汉代冯唐和魏尚的故事。

《史记·张释之冯唐列传》记载，魏尚担任云中太守，在一次与匈奴交战后统计杀敌人数的时候，多报了6个人。在古代，军功和杀敌的人数是挂钩的，杀敌越多，战功越大。就因为这多报的6个人，魏尚不仅没有获得应有的战功，反而被政敌利用来攻击他，以致被削职查办。

冯唐很为魏尚鸣不平，向汉文帝直谏：魏尚为官尽心尽职，他爱惜士卒，军费不够用，就自己掏腰包，几乎是平均每五天杀一头牛，犒劳将士们，所以魏尚麾下一直士气高昂，连匈奴都听说了魏尚治军严谨，不敢轻易来侵犯，躲得远远的。这次魏尚率领部下杀了那么多匈奴，功勋卓著，如果只是因为犯了错报多杀敌6人的罪就遭受严惩，恐怕以后大家都不敢上阵英勇杀敌了啊。如果您论功行赏太轻，而惩罚又太重，会不会伤了前线将士们的心呢？冯唐这一番话合情合理，汉文帝也不免为之动容，于是当即命冯唐为使者，拿着符节去赦免魏尚，让他官复原职。

在这首《江城子·密州出猎》中，苏轼其实是把自己比作受人谗害的魏尚。宋神宗和宰相王安石推行变法，苏轼是不赞同新法的人，因为政见不同，苏轼自请到外地做官。他认为，与其在朝中深陷于无休止的党争，还不如在地方官任上为老百姓多做一些具体的实事。尽管苏轼是自请外任，心中难免还是有一些失意，他多么希望朝廷能够理解自己的这一颗赤胆忠心，多么希望有一个像冯唐那样仗义执言的忠臣来为自己剖白心迹。如果朝廷给他这样的机会，他一定会像一个真正的壮士那样，“会挽雕弓如满月”，将弓箭拉得像满月一般圆，而且充满力量，打退西北方向胆敢进犯的敌人。

“西北望，射天狼”化用屈原《九歌·东君》中的“举长矢兮射天狼”，“天狼”本是星宿的名字，因为它的形状和方位而被视为贪婪、残酷和侵略的代名词。在屈原的笔下，“天狼”代指秦国；在苏轼的词中，“天狼”则指屡屡侵犯北宋边境的辽国和西夏。因此，“西北望，射天狼”实际上象征的就是苏轼迫切希望能够驰骋疆场，击退西北入侵的敌军，为国家建功立业。

让苏轼“老夫聊发少年狂”的不仅是一次普通的打猎，而且是他报国热血的激情涌动。正是因为有了激情的支撑，他才能以一介儒士之身，挽雕弓如满月，展示英武勇猛的一面。

射箭为中国古代六艺（礼、乐、射、御、书、数）之一，是贵族子弟必须掌握的六种基本技能之一。后世虽然有了文武的分工，但骑射技能依然占据非常重要的地位，甚至还演化成游艺娱乐的形式之一。宋代兵书《翠微先生北征录》中记载“军器三十有六，而弓为称首；武艺一十有八，而弓为第一”，可见弓在军队中的地位。《清明上河图》中有拉弓的人物形象。苏轼词中提到的“雕弓”，最开始是天子所用的雕饰之弓，后用来吟咏王师征伐。使用雕刻华丽色彩鲜明的弓已经演变成一种礼仪制度，强调的是天子的威严和礼制教化。“会挽雕弓如满月”，这里的“雕弓”体现了苏轼“致君尧舜”的初心和信念，“满月”则象征团圆，象征一切事物的圆满和在此种状态下饱满的热情与精神。

这首《江城子·密州出猎》不仅是苏轼词中的代表作，更是宋代词坛的标志性作品。苏轼对此是颇为自得的，他“令东州壮士抵掌顿足而歌之，吹笛击鼓以为节”，特别壮观。甚至可以这么说，《江城子·密州出猎》不仅是苏轼的填词经历中标志性的作品，还是整个词史的标志性作品——因为苏轼以他“东州壮士”般的豪迈，让温柔旖旎的北宋词坛从此有了振聋发聩的雄壮之声，从此有了与“婉约派”平分秋色的“豪放派”。

小理的客厅

今日沙龙话题：“会挽雕弓如满月”到底赋予离弦之箭多大的能量？

-小物：我今天在弓道馆练习了好久，手臂都抬不起来了。要怎样才能成为优秀的弓箭手呀？

+小理：那你可要先了解一些物理原理，傻练是不行的。要知道，弓箭在脱弦之时获得的能量大小除了取决于弓箭手的臂力，还与弓箭的结构、材质及拉弓射箭的技巧有关。在讨论这个问题之前，我们先来说说做功的问题。功是物理学中表示力对物体作用在空间上累积的效果的物理量，其大小等于力与物体在力的方向上移动距离的乘积，单位为焦耳。功具备两个要素，一是力，二是物体在力的方向上发生的位移。如果做功的总量相同，选择较长的路径可以用较小的力，故上山骑车选择路径较长的缓坡要轻松得多。

小诗： 李白在《蜀道难》中写道：“青泥何盘盘，百步九折萦岩峦。”青泥岭的泥路弯弯曲曲，百步之内萦绕岩峦要转九个弯。杜牧在《山行》中写道“远上寒山石径斜，白云生处有人家”，给我们展现了一条弯弯曲曲向山顶延伸的小路。毫无疑问，古人修筑弯曲的山路不只考虑到了修路的难易，还考虑到了上下山的难易，弯道更省力，也更安全。

－小物： 那么，做功等于用力吗？

＋小理： 不完全相同。做功了，一定是用力了，但用了力，未必就做了功。比如你手提一桶10千克的水，原地不动站一个小时，你明明用了力，而且你的手臂会感到特别酸胀，但你做的功却为零。这是因为你的手臂没有动，位移是零，故做功为零。你消耗了很多能量，但消耗的能量只转化成了热能，没有转化为机械能。

－小物： 我今天在弓道馆练习姿势，一直举着弓箭没动，也是没做功吗？

＋小理： 是呀，不过呢，这个说法也不完全准确，因为你提起水桶和举起弓箭时，在力的方向上有位移，所以其实也做了功。只是当你保持姿势不变之后，就没有做功了。

小诗： 相传杜甫有一次去磨坊磨面粉的时候，磨坊主知道他是当世大诗人，就请他来对一副对联，上联是“石磨磨麦豆”，杜甫略一思索就对出了下联“水轮轮春秋”。石磨磨面粉一圈一圈地转，应该就是做功了吧？

+小理：当然是。不过，此处的做功不同于前面的做功，前面提到的做功都是恒力做功，力的方向、大小都不变。但是人推石磨转动时，力的方向始终与石磨的切线方向相同，也就是力的方向一直在变，这就成了变力做功。如果要计算做功的大小，可以简单地考虑把曲线变直线，把石磨圆周极微小的一段段曲线看成直线，推石磨转一圈的位移就可以近似为每一小段的累积，即石磨的周长，从而将变力做功转化为恒力做功。

-小物：我理解做功的意思了，我拉弓的时候，就是对它做功，弓获得能量就会把箭射出去，对吧？

+小理：是的，弓箭是古代兵器，现代也有一种类似的兵器叫电磁炮，这种炮弹通过强大的电磁力给它施加巨大的初始动能，使它击中目标物时仍然有强大的动能，借助这个动能的冲击力实现对目标物的破坏，并不是靠炮弹的火药实现爆炸。

-小物：意思是，获得的初始动能越大，威力就越大？

+小理：可以这么理解，物体由于运动而具有的能量称为动能，描述动能变化可以用动能定理，即运动质点动能的改变量等于合力对它所做的功。动能具有瞬时性，有速度，才有动能，速度大，动能也大。箭飞出去的初始动能越大，射中目标物时的动能也越大，对目标物的冲击力就越大。动能是状态量，无负值。换句话讲，动能不会欠账。

小诗：也就是说，弓箭射出那一瞬间的速度决定了初始动能的大小，我好像明白为什么顶尖的弓箭手都需要一把好弓了。

+小理：是的，好的弓和弓弦能够更大程度地把势能转换成动能。什么是势能呢？势能就是储存于系统内部的能量，再具体点讲，势能包含重力势能和弹性势能等。弓箭内部存储的势能叫弹性势能。弓箭射出时的动能就来源于射出前积累的弹性势能，这是存储在材料或物理系统构造中的潜在机械能。当压缩、拉伸或以任何方式变形时，弹性势能就会发生变化。有些材料需要有比较好的弹性，有些材料则不需要弹性过大，要视具体应用场景而定。

-小物：教练告诉我射箭讲究黄金分割，是不是意味着这种情况下产生的能量最大？

+小理：所谓黄金分割，是指将整体一分为二，较大部分与整体部分的比值等于较小部分与较大部分的比值，其比值约为0.618，黄金分割的物体会带来视觉上的美感体验。最美的拉弓位置不代表此时的弹性势能最大，弓箭的弹性系数不同，弓在不同位置的势能大小就不同。弓弦弹性系数越大，弦的位置越恰当，就越能达到最大弹力。

小诗：也就是说，我们并不能比较到底“黄金分割”和“弓如满月”哪种能量更大，只能在同一种材质、同一个弹性系数下具体讨论。你再说说重力势能吧。

+小理：我们之前说的是当物体发生弹性形变时，动能和弹性势能守恒。在重力场中，物体的运动受到重力的影响，此时动能和重力势能之和保持不变，即机械能守恒。机械能守恒的条件是：只有系统内的重力或弹力做功，如果还有其他外力做功，物体的机械能就会发生变化。这个原理只在一些特殊的惯性参考系，如地球参考系中才成立。

小诗：王维《观猎》中的“风劲角弓鸣，将军猎渭城”，还有李白《望庐山瀑布》的“飞流直下三千尺，疑是银河落九天”，都体现了机械能守恒，前者是弹性势能与动能的转化，后者是重力势能与动能的转化。所以

“蓄势待发”中的“势”其实指的就是势能，它不只是位置概念，还是能量概念。势能积累得越多，到了该转化为动能的时候，随时可以喷薄而出。

–小物：当我们讲到能量的时候，除了机械能，还有热能、电能、化学能和光能等，除了机械能是守恒的，其他的能量形式是不是也守恒？

+小理：能量守恒是普遍规律，能量既不会凭空产生，也不会凭空消失，它只会从一种形式转化为另一种形式，或者从一个物体转移到其他物体，能量的总和保持不变。基于这一真理，永动机不可能成功，个别科普爱好者声称自己能够制造出永动机，其误导之处在于把不同系统之间的能量交换混淆为单一系统的内部能量转换。

–小物：我们今天的主题是“功与能”，两者的关系是怎样的？

+小理：功和能是两个密切联系但又不同的物理量。当一个物体具有对外做功的本领时，我们就说这个物体具有能量，在做功的过程中伴随着能量的转化。一个物体对外做了多少功，它就减少了多少能量。反之，外界对一个物体做了多少功，这个物体的能量就增加了多少。所以，功是量度能量转换的物理量。知道了功和能的这种关系，就可以通过做功的多少，定量地研究能量及其转换的问题。能量是物体运动状态决定的物理量，即状态量，而功则是和物体运动状态变化过程有关的物理量，是过程量，这是两者的本质区别。

–小物：我家住在25楼，当我从1楼坐电梯到家后，我的势能应该增加，是谁在对我做功呢？

+小理：电机带动钢缆，通过滑轮组对电梯轿厢做功，你站在轿厢里，当然也对你做了功。在生活和生产中，除了平动做功，还经常会用到滑轮做功，中心轴固定不动的滑轮为定滑轮，定滑轮实质上是等臂杠杆，可改变用力方向但不省力。中心轴随被拉物体一起移动的滑轮为动滑轮，使用动滑轮可省力但不省功，也不改变用力方向。要想省力又改变力的方向，可以把一定数量的定滑轮和动滑轮组成滑轮组。

小诗：李商隐在《无题四首》(其二)中写过一句“玉虎牵丝汲井回”，意思是，井水虽深，但可以通过牵引辘轳来汲水。这里用“玉虎牵丝”描写辘轳，辘轳就类似于现在的滑轮装置。古人的爱情，从来都离不开花草，离不开雨露，离不开山水，有水就有情。井绳，又何尝不是情丝？井水再深，总不比情深，能汲取井水，又如何不能求得爱情？即使最后是相思无望的失意，也挡不住曾经尝试的真心。汲水要讲科学，追求爱情也需要讲究方法。

-小物：小诗总是能够从物理的语境中品出诗心情韵。我们经常说诗和远方、真心真情、向上向善是生活中的正能量，可是因为生活中的种种曲折，常常有人忍不住发泄负能量。正能量、负能量也是从物理学中借用的概念吧？

+小理：是的，这应该是对物理学中能量概念的借用。人是万物中的一种，也有能量，理论上没有负能量一说，但如果要体现其对社会实际“做功”的效果和价值，那可能就会分出正负了。比如，人的精神的能量有大有小，类似弹簧，是可伸可缩的，如果某种压力达到极限，使人的精神崩溃，就如同超越弹簧的弹性极限，这个时候积累的势能就成了伤害人的负能量。

-小物：所以我们在生活中，要积极调整状态，努力让自己成为正能量大使哦。

5 十万军声半夜潮——力矩与潮汐锁定

小物的日记

有情风、万里卷潮来

2022 年 9 月 13 日，雨，海宁盐官镇

钱塘江平静地横卧在我眼前，一层薄雾轻轻地覆盖在江面上，远处的古塔、中山亭若隐若现。中午时分，远处传来了轰隆隆的响声，如闷雷滚动一般，眼前的江面却依旧平静。过了一会儿，隆隆的声音越来越大、越来越近，东边水天相接的地方出现了一条白线。

“潮来啦……”随着堤上的人一声大喊，那条白线迅速向我们推进，它在江面上逐渐拉长、变粗，如同一条白色的巨龙横卧在钱塘江上。待它再迫近一些，江面彻底翻滚起来，仿佛千军万马在狂奔，浩浩荡荡地奔向堤坝，那山崩地裂般的声音，震得大堤都在颤抖。

小诗的回忆

钱塘江奔涌的不只是潮水，还有历史

农历八月中旬去看钱塘潮，似乎是古往今来许多中国人的梦想之一，不少文人还把钱塘潮写入诗词中：李白发出“浙江八月何如此，涛似连山喷雪来”的感叹，柳永笔下那“自古繁华”的钱塘有“怒涛卷霜雪，天堑无涯”的震撼，苏轼“寄语重门休上钥，夜潮留向月中看”写出了夜潮的优美……

当然，文人写自然风景，往往不仅仅停留于眼前实景，其思绪会从眼前之景延伸开去，毫无羁绊地遨游在更为浩渺的历史时空中，生发出丰富的情感与想象。南宋著名词人史达祖面对钱塘的滔天巨浪时，就曾表现出这种不羁的想象力，且看这首《满江红·中秋夜潮》：

万水归阴，故潮信、盈虚因月。偏只到、凉秋半破，斗成双绝。有物揩磨金镜净，何人拿攫银河决。想子胥、今夜见嫦娥，沉冤雪。

光直下，蛟龙穴。声直上，蟾蜍窟。对望中天地，洞然如刷。激气已能驱粉黛，举杯便可吞吴越。待明朝、说似与儿曹，心应折。

天下的河流水脉，都奔涌流向大海。“万水归阴”是自然规律，不过在词人眼中，同样自然的还有“潮信、盈虚因月”。“潮信”的意思是，潮涨潮落都有固定的时间，就像是某种信号。词人说“潮信、盈虚因月”，直接指出了潮涨潮落与月亮阴晴圆缺之间的关系，且中秋和钱塘潮成了词人眼中的绝配：“偏只到、凉秋半破，斗成双绝。有物揩磨金镜净，何人拿攫银河决。”在这个万家团圆的中秋之夜，月亮的表面好像被人重新揩磨了，显得更加明亮、澄净。潮水的到来，又仿佛是银河被攫开了一道决口，奔腾而下，最明亮的月光和最汹涌的潮水形成了最

完美的搭档，成为中秋之夜最壮丽的景观。

词写到这里，主要还是描绘钱塘江潮的实景，而接下来词人的思绪却突然跳跃到了春秋时期的伍子胥。

伍子胥和钱塘潮又有什么关系呢?

伍子胥是春秋时楚国人，因受到楚平王的追杀而逃到吴国，并帮助吴王阖闾称霸一方，又辅佐继位的吴王夫差打败了越国。可是，夫差听信太宰伯嚭的谗言，认为伍子胥为人刚暴，且有谋反之心。公元前484年，夫差派人送了一把宝剑给伍子胥，令其自杀。伍子胥自尽前满腔悲愤地交代他的仆从：待他死后，一定要把他的眼珠子挖出来，挂在吴国东城门之上，他要亲眼看到越国灭掉吴国。吴王夫差听到伍子胥的遗言，盛怒之下命人将伍子胥的尸首用鸱夷革包裹，抛入滚滚的钱塘江中。据说，这一天正是五月初五。当地从此就有了五月初五祭奠伍子胥的习俗，人们还为伍子胥在江上立祠，并命名为胥山。

不久后，吴国果为越国所灭。

“想子胥、今夜见嫦娥，沉冤雪”写的就是伍子胥与钱塘江的这段掌故。显然，史达祖其实是借古讽今，用春秋时期伍子胥洗雪沉冤的故事暗喻时政。因为，就在写这首词的前一年，即南宋宁宗嘉泰四年（1204），权臣韩侂胄上书朝廷，议定北伐，同时追封岳飞为“鄂王”。次年四月，朝廷下旨追论秦桧的主和误国之罪，改其谥号为“谬丑”。作为韩侂胄幕僚的史达祖，看着岳飞洗雪沉冤，不禁感慨万分，才会在钱塘江潮前从岳飞联想到了历史上的伍子胥。

词的上阕从潮汐、月亮想到伍子胥，词的下阕又一次从月光起笔：“光直下，蛟龙穴。声直上，蟾蜍窟。对望中天地，洞然如刷。”月光洒下，直达海底的蛟龙洞穴。钱塘潮涌起的浪潮声，直通蟾蜍藏身的月宫。皎洁的月色，如雪的潮水，天地之间澄明，犹如被刷洗过一般洁净。词人豪情万丈，胸中的激情能驱走月宫中的粉黛，举杯邀月，豪气可吞吴越。若是明日将今晚之所见所感说给自己的儿辈，他们也会被这份气概折服吧！

“一千里色中秋月，十万军声半夜潮。”中秋之月原本是人世间最皎洁的，映照的是人间最温馨的团圆夜；而钱塘江最壮观的浪潮又为这个特殊的月夜注入了澎湃的激情。温柔与奔放，就这样碰撞着、交融着，在钱塘江翻涌的浪潮中拥抱着整个天地。

小理的客厅

今日沙龙话题： 潮起潮落的诗意

小诗：潮汐现象很早就引起了古人的重视。中国古代对潮汐的记载有很多，比如《周易》《山海经》等典籍中都有相关记载。

－小物：日月交替，潮涨潮落，应该是自然现象，不过在中国似乎只有钱塘江大潮最富有诗意。我好奇的是，潮汐的涨落有什么规律可寻吗？

＋小理：潮汐是地球受其他天体影响产生的自然现象。在地月系统中，地球受到月球引力作用，也受整个系统的离心力作用。靠近月球那侧的地表水主要受引力作用而隆起，远离月球那侧的地表水则主要受离心力作用而隆起，其他区域的水则会下陷。随着地球的自转，隆起、下陷的区域不断改变，由此形成潮汐现象。早在中国古代，人们就学会了绘制潮汐表，已经在寻找潮汐规律，唐代窦叔蒙推算出潮汐周期为十二时二十五分左右，这已经接近于现代的精确值。

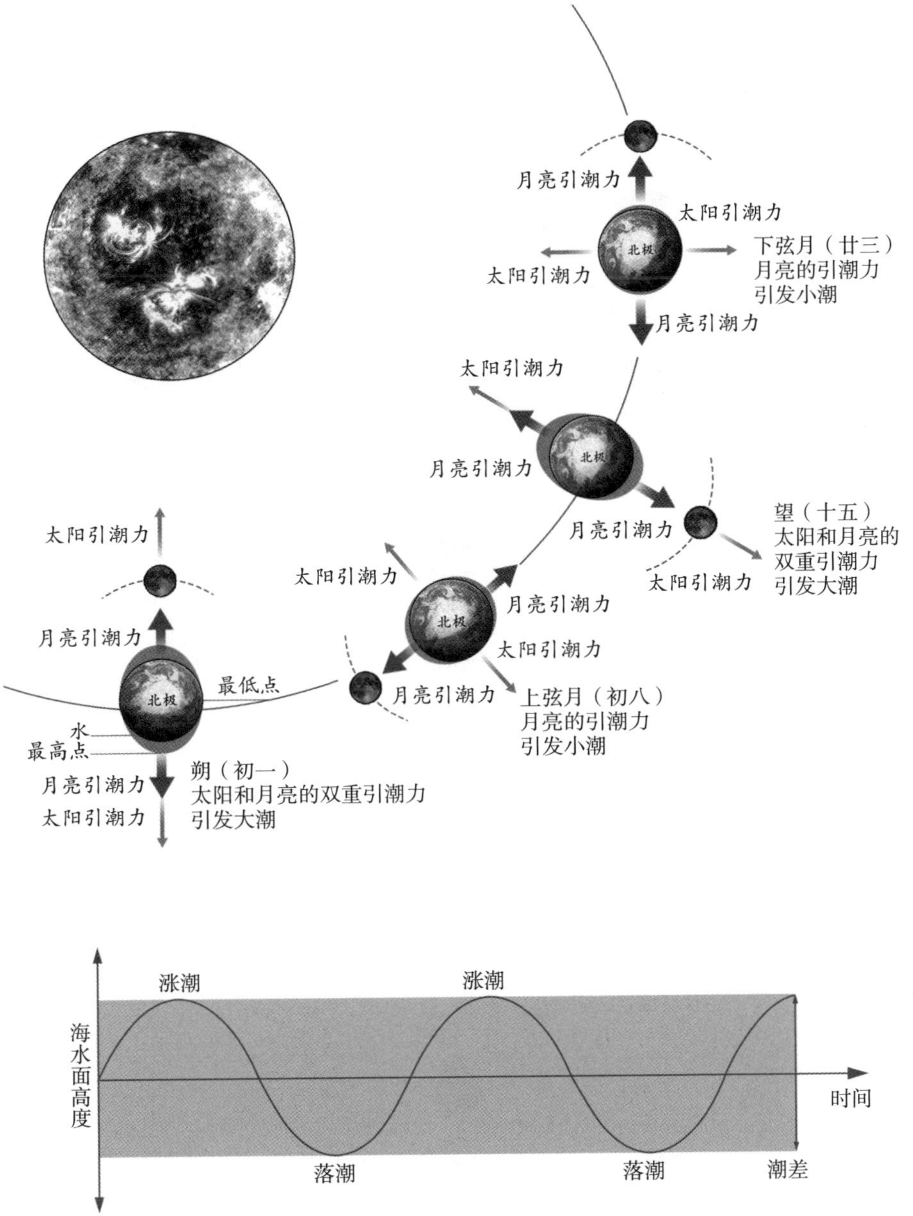

图 1.5－1　潮汐周期：12.4 小时

小诗：潮水涨落的情景在各地还不太一样，这又是什么原因呢？

+小理：这就要提到引潮力了，天体受另一天体引力和系统惯性力作用时，因位置差异，各个点位的合力不同，这个合力就是引潮力，它决定了地表水的高低和形变。实际上，引潮力还跟引力场的不均匀分布有关。我们在地球上看到潮汐，主要是因为地球受到了月球的引潮力，月球是环绕地球运转的卫星，经过长时间的运行变化，逐渐出现“潮汐锁定”这一天文现象。如果月球上有大海，应该也能出现潮汐现象，因为月球表面也有引力形变。《黄帝内经》中记载“月满则海水西盛……至其月郭空，则海水东盛”，也强调了潮汐跟月亮的关系。

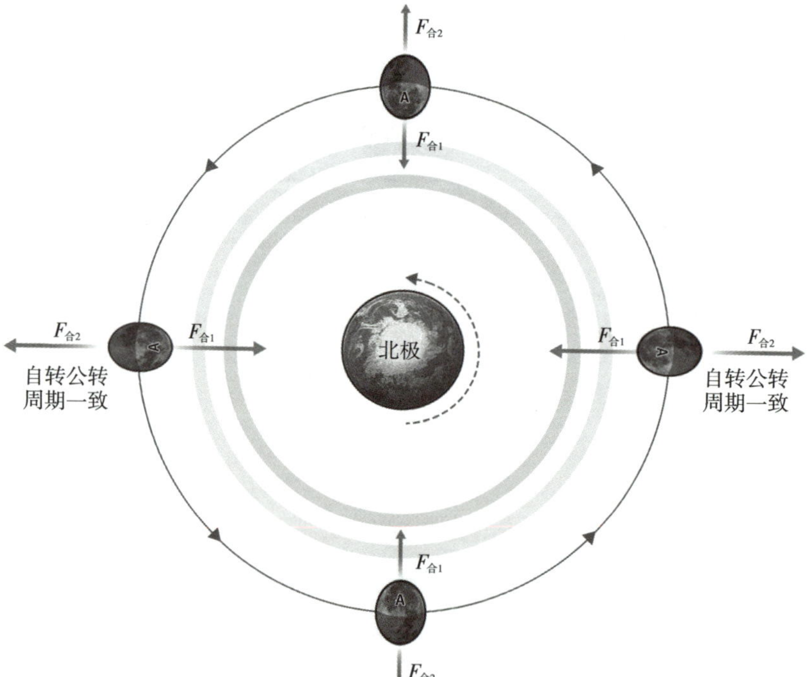

图 1.5－2　潮汐锁定的效果

- **小物**：潮汐锁定？这是个新鲜词。

+ **小理**：潮汐锁定就是一个天体锁定了另一个天体，这里的“锁定”实际上是“同步自转”的意思。比如地球锁定了月球，让月球的自转周期与公转周期相同，这样地球上的人看到的永远是月球的同一面。在太阳系中，火星锁定了火卫一和火卫二，木星锁定了木卫一、木卫二、木卫三……

小诗：“江畔何人初见月？江月何年初照人？”你的意思是，唐代的张若虚与宋代的苏轼以及今天的我们看到的都是月亮的同一侧面？

+ **小理**：是的。地球与月球之间有万有引力作用，月球靠近地球的一侧，引力大于离心力，月球有被拉近的趋势，而在对称的另一侧，引力小于离心力，月球有被推离的倾向。月球因为力的作用发生形变，当它自转时，左右两侧受到的力就会不在同一条直线上，因此产生一个与月球自转方向相反的旋转，这个旋转用力矩[①]描述，久而久之，月球的自转速度越来越慢，直至最终被地球锁定，即月球自转一周和绕地球公转一周的时间是一样的。现在月球已经被地球锁定了，所以不管是古人还是现代人，从地球上任何一点看到的月球永远是同一面，月球的另外一面我们是看不到的。

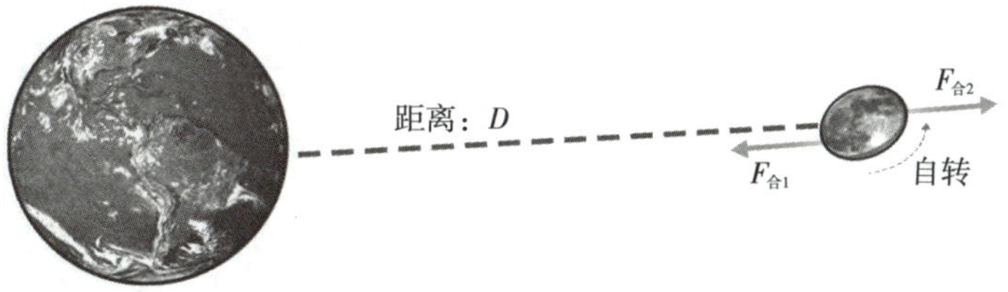

图 1.5－3　潮汐锁定

① 力矩，描述力对物体产生转动效应的物理量。力和力臂的乘积叫作力对转动轴的力矩。矩有垂直距离的意思，其左边有个“矢”字，又可以表明其有方向性。直观地讲，力矩就是对物体转动效应的描述，力矩相同，力臂越长，力就越小，费力还是省力的奥秘就在其中。

-小物：我明白了，但你说潮汐是因为月球对地球的引潮力所致，那太阳对地球应该也有引潮力啊。

+小理：当然有，但由于太阳与地球距离相对更远，月球引潮力相对更大，所以月球引潮力对潮汐的影响更大。

小诗：刘禹锡《浪淘沙词九首》(其七)写道："八月涛声吼地来，头高数丈触山回。须臾却入海门去，卷起沙堆似雪堆。"这里描述的就是钱塘江大潮，此潮来势汹涌，由远而近，十分壮观。

+小理：其实，潮汐有大潮、小潮之分，这跟太阳、地球、月球三者的相对位置有关。当三球在一条直线上时，形成大潮；当太阳和月球分别与地球的连线相互垂直时，形成小潮。小诗刚才提到的就是大潮了。潮的具体形态还在很大程度上与海岸线及地形有关，开阔海面的中心不会轻易隆起，而在较窄的海域里，海面更容易交替起伏于沿岸，因此在距离大陆很远的海岛上，一般只出现很小的潮起潮落，而在某些海港，海水则波涛汹涌地奔突往返于浅滩之上。所以，钱塘江大潮也与杭州湾的地形和结构高度相关。

-小物：地球锁定了月球，如果太阳把地球锁定了又会怎么样？

+小理：从理论上讲，只要太阳不变成红巨星，离太阳相对较近的火星和地球都有被太阳锁定的可能性，到了那时，地球的一面会长期被阳光炙烤，而另一面则深处黑暗之中。不过，在地球被太阳锁定之前，应该是先被月球锁定，虽然太阳的质量比月球大很多，但太阳离地球的距离非常远，平均距离约为 1.496 亿千米，地月平均距离约为 38.4 万千米，月球对地球的引潮力远大于太阳对地球的引潮力，数十亿年以后，地球或许会先被月球锁定，到那个时候，地球的自转周期、月球的自转周期和月球绕地球的公转周期都将一致。

小诗： 这真是个很神奇的预测。我发现，很多自然现象一旦用物理原理来解释，就会突破我们的时空观。物理学家看到的“远方”其实比诗人更远。从这个意义上说，物理学和文学是一样浪漫的。

第二章 舒卷意何穷

力学之神

1 少年儿女重秋千——角动量守恒

小物的日记

樱花开了，一起去荡秋千可好？

2023 年 3 月 4 日，晴，长沙植物园

樱花园深处竟然藏着一架秋千。

小七坐了上去，双手分别握住两边的绳索，往后退了几步，脚轻轻一点，秋千就晃晃悠悠荡了起来。

樱花在微风中轻轻飘落，小七在花雨中上下翻飞，我看着看着，忽然觉得这个场景和几句宋词很配，情不自禁地念了出来：

“黄蜂频扑秋千索，有当时、纤手香凝……”

小诗的回忆

秋千竟经历了从军事训练到闺阁游戏的蜕变

秋千在我国起源非常早。大概在几十万年前，先民为了生存需要采摘野果或者猎捕野兽，在攀爬、奔跑的过程中发现，可以通过抓住粗壮的蔓生植物，依靠藤条的摇荡摆动实现上树、跨越障碍的目的，这就是原始的秋千。

后来，秋千首先成为北方少数民族的传统，《古今艺术图》说："此北方山戎之戏，以习轻趫者。""山戎"是北方的一个少数民族，这个民族将秋千作为他们军事训练的工具。

到了汉代，荡秋千逐渐成为宫廷、闺阁女子的游戏。唐人高无际在《汉武帝后庭秋千赋》中说："况秋千者千秋也。汉武祈千秋之寿，故后宫多秋千之乐。"慢慢地，荡秋千逐渐成为清明时节的传统习俗，唐代诗人杜甫就在其《清明二首》(其二)中写道："十年蹴踘将雏远，万里秋千习俗同。"

作为闺阁女子游戏的秋千，同样受到了婉约派词人的青睐：欧阳修写下"泪眼问花花不语，乱红飞过秋千去"的经典词句，才女李清照笔下更有豆蔻少女在后院荡秋千的《点绛唇·蹴罢秋千》：

蹴罢秋千，起来慵整纤纤手。露浓花瘦，薄汗轻衣透。

见客入来，袜刬金钗溜。和羞走，倚门回首，却把青梅嗅。

这首词所描写的，正是一位少女荡完秋千后的姿态。词人并没有直接描写女子荡秋千时如何迎风飞扬，如何肆意欢笑，如何与身边的侍女嬉戏玩笑，事实上在词的开篇，这场荡秋千的活动就已经停止了。如果将这首词所写之事用电影镜头记录下来，那电影的第一个片段就是秋千渐渐停下来，少女从秋千上缓慢走下来。接下来就是少女“慵整纤纤手”——她轻轻地揉着自己因荡秋千而酸胀的手，脸上一副疲倦而又慵懒的神态。此时，导演将画面镜头切换至秋千旁边的植物，一个特写镜头给出此时的时间、地点：露浓花瘦。植物上还有很重的露水，说明此时是早晨，“花瘦”说明少女很可能是在自家的后花园里。作为大家闺秀，李清照早晨在自家后花园荡秋千并无不妥，但本词的导演却给这个故事来了一个戏剧性的转折：“见客入来。”

竟有外人闯进了后花园。尽管词人并没有写明进来的人是一位男子，但从少女接下来的一系列反映来看，进来的人一定是男子。因为少女刚从秋千上下来，出了一身薄汗，忽然看到一个陌生男子闯进来，她一慌神，竟然顾不上穿鞋，只穿着袜子就赶紧溜了回去。“袜刬”指跑掉鞋子以袜着地。

回避陌生男子，这是大家闺秀的本能反应。但李清照此时毕竟还是一个正值豆蔻年华、对爱情充满向往的少女啊，一颗怦怦乱跳的少女心正在诱导她释放天性、追求自由。尽管她的第一反应是逃跑，但内心对那位男子的好奇又让她忍不住停下慌乱的脚步，羞涩地倚在门边回头看，因怕被旁人识破了她此时的“情不自禁”，于是用嗅青梅的动作来掩饰自己情窦初开的少女心。

梅者，媒也。在古典诗词中，青梅常常隐喻着对爱情的渴望。“和羞走，倚门回首，却把青梅嗅”，这哪里是我们印象中宋代名门闺秀该有的风度和模样呢？分明是一个渴望自由、向往爱情的天真少女呀。

在蹴鞠、拔河、荡秋千等众多属于春天的古代游戏中，唯有荡秋千是最适合闺阁女子的游戏。于是，从某种程度上来讲，古典诗词就在情感上建立起一种“秋千—女性—爱情”的联系，秋千承载了深闺女子对于爱情最奔放的想象。

前些年流行的电视剧《甄嬛传》里也有一个经典的情节：在那年的杏花微雨里，坐在秋千上吹箫的嬛嬛，就这样开启了她与四郎难了的一世情缘。

小理的客厅

今日沙龙话题： 怎样才能在荡秋千比赛中技压群雄？

－小物：我喜欢荡秋千时那种迎风飞扬的感觉，不过如果没人在后面推我的话，我总是荡不起来，一会儿就停下来了。但有些人可以不用别人推，一个人就能越荡越高，这是有什么技巧吗？

＋小理： 当然有技巧，否则先民怎么会用荡秋千来作为军事训练的一种手段呢。如果你坐在秋千上不做任何动作，只靠初始的推动力来荡秋千的话，从物理上来说，你和秋千是一个简单的单摆，即使在理想情况下，也只能做等幅度的摆动。但实际上，空气阻力和秋千转轴的摩擦阻力会不断消耗系统的机械能，使你做减幅运动，最终停下来。如果想要使自己的摆动幅度不断变大，就需要有能量的注入。这个能量可以来自他人的推动力做功（也就是靠别人推），也可以靠自己在秋千上做功。

小诗： 古代女子荡秋千估计都是由侍女来“做功”的，不过，偶尔也会有荡秋千比赛，女子通过在秋千上快速地蹲下与站起，就能越荡越高，其中的原理又是什么呢？

+小理：在荡秋千的过程中，当秋千荡到最高点（速度为零）时，荡秋千的人快速蹲下，降低重心，摆长（秋千绳悬挂点与人重心之间的距离）变长，速度仍然为零。然后人在重力的作用下从最高点运动到最低点，这是一个势能转化为动能的过程，当到达最低点时具有最大的水平速度。注意哦，最关键的一步来了！这时，荡秋千的人需要迅速站起，把重心从最低点提升到最高点，缩短摆长。由于此时人正好在悬挂点的正下方，他受到的所有外力（重力和秋千对他的支持力）都在竖直方向上，因此对于悬挂点的合外力矩为零，所以从蹲下到站起是一个角动量①守恒的过程。角动量守恒，摆长变短，水平速度将提升，人将以更大的动能冲击到另一侧的最高点，将动能全部转化为势能，从而得到更大的摆动角度。周而复始重复上面的操作，就能够越荡越高了。

小诗：古代女子自己荡秋千时大多是坐着荡的，那又该怎么做呢？

+小理：荡秋千自己做功的关键是不断改变重心。坐着荡秋千的人，上半身基本是不改变位置的，在脚蹬地获得摆动的初始速度以后，可以通过抬起或者放下双腿来调节自身的重心高度，达到类似的加速效果。具体来说，就是在最高处垂下双腿降低重心，在通过最低处时快速抬平双腿提高重心，这样就可以越荡越高。当然，对于改变重心来说，抬起和放下双腿显然不如站起和蹲下效果明显。而且，坐着荡秋千的人通常只在向前摆动时伸腿，一个周期只做一次加速操作，而站着荡秋千的人为了更快达到想要的高度，会在一个摆动周期内做正向和反向的两次加速

① 角动量是质点相对于定点的位置矢量与动量的矢量积。

操作，因此效果会更加明显。

－小物：看来荡秋千也是一项要消耗体能的运动啊。

＋小理：当然，“荡秋千”已经是我国少数民族传统体育运动会上的一个正式比赛项目了。在自主荡秋千的过程中，外力做的净功为零（重力虽然做功，但对于一个周期来说，其做功之和为零），最终提高系统机械能的是人的内力做功。蹲下、站起的过程中，身体是有位移的，内力会做功，不断消耗人身体里的化学能。不过，对于没经过训练的人，靠坐着伸伸腿改变重心是可以做到的，但如果是站着荡秋千，就很难在最低位置站起来，因为那需要很大的勇气和能量。

－小物：你刚才提到了角动量守恒的概念，我没完全理解，你能展开说一下吗？

＋小理：好的。角动量守恒和动量守恒、能量守恒一样，是自然界的基本规律。角动量描述的是一个质点（把对象抽象为一个只有质量没有大小的点）绕定点旋转程度的物理量，角动量为零就意味着该质点相对定点没有旋转。角动量的改变来源于力矩对时间的积累，因此当一个系统受到的合外力矩为零的时候，系统的角动量就会守恒。举个例子，地球受到太阳的万有引力而绕太阳旋转（公转），由于万有引力是有心力，其方向总是指向太阳，因此以太阳为定点，地球受到万有引力的力矩为零，这意味着地球绕太阳旋转的角动量的大小和方向都不会改变。“角动量的方向不变”表明地球的公转一定是平面运动，“角动量的大小不变”则要求地球在近日点切向速度大，在远日点切向速度小，同时保证在相等的时间内，地球与太阳的连线扫过的面积相等——这也就是“开普勒第二定律”。

小诗：真的很神奇，开普勒发现的行星运动规律居然可以用角动量守恒来解释，那么在我们的日常生活中也有这样的例子吗？

+小理：当然有。比如花样滑冰运动员通过改变手臂位置就能改变自身的旋转速度，利用的也是角动量守恒。

-小物：那跳台跳水运动呢？

+小理：这其实也是一个角动量守恒的过程。运动员从跳台到水面的时间是一定的，如果能够将身体团得更紧，就能减小转动惯量，获得更大的转动角速度，在同样的腾空时间内就能转更多的圈数。当然，以很快的旋转速度落入水中一定会溅起很大的水花，这是不利的。因此，跳水运动员在落入水中之前一定还需要将身体展开拉直(增大转动惯量)，以减小转动的角速度，更好地去压水花。

-小物：我大概明白其中的道理了。我决定先按照这个原理好好练练，下次去找小七比试比试。

2 石阶桂柱竹编墙——固体的弹性与抗弯

小物的日记

一根冰棍儿引发的惨叫

2021 年 9 月 12 日，晴，长沙

长沙的九月没有秋风送爽，只有酷热难耐。我在工地旁边的超市买了一根冰棍儿，边走边吃，隔着老远看见文博穿着宽大的工装，戴着头盔，手里在记录着什么。我大声喊他，他看见我，挥挥手走过来：“你居然还真的过来了！”

我不说话，啃了一口冰棍儿，冲他哈出一口冷气。文博顿时明白了我的意思，直接给了我一拳，白 T 恤上留下了一个黑乎乎的拳头印。“嗷——”我假装痛得惨叫了一声……

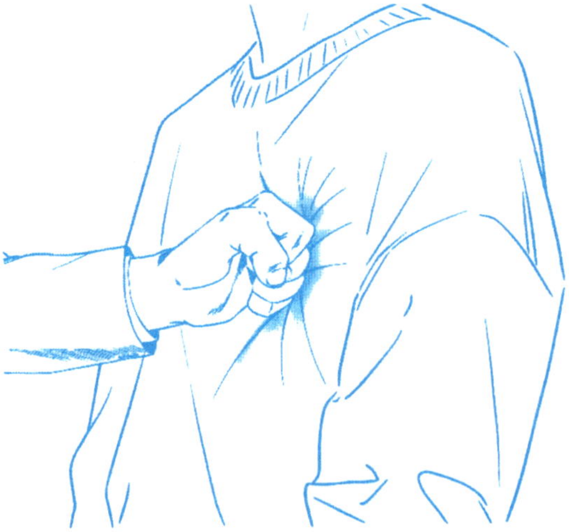

小诗的回忆

石阶木柱里隐含的园林建筑美学

我国古代建筑有悠久的历史和光辉的成就，在建筑材料的选取上，尽管从西周开始就出现了砖瓦，后来也有砂浆、石灰和金属等材料，但梁思成先生认为，中国建筑“不着意于原物长存之观念”，因此民间使用更多的还是木材、泥土、茅草等材料。

这些“不长存”的建材并非不结实，相反，许多木材在古人精巧的设计构思下，其抗震能力并不比现在的钢筋水泥弱。比如传统的“斗拱”设计，柱顶、额枋和屋顶之间的斗拱就像弹簧一样保护着建筑物。据说有斗拱设计的应县木塔，在建成的200多年后遭遇了一场6.5级的大地震，仍岿然不动。

我国古代建筑很多时候不仅仅可以遮风挡雨，它们在保证基本需求的同时，也发展成了一种审美对象。著名的苏州园林就体现出人们追求与自然和谐相处，蕴含着中华民族的智慧与传统哲学内涵。我国古代著名诗人白居易，在园林艺术方面也造诣匪浅，他在江州时，曾参与选址，设计并建造了著名的庐山草堂。

香炉峰下新卜山居草堂初成偶题东壁

五架三间新草堂，石阶桂柱竹编墙。
南檐纳日冬天暖，北户迎风夏月凉。
洒砌飞泉才有点，拂窗斜竹不成行。
来春更葺东厢屋，纸阁芦帘著孟光。

这首七言律诗语言浅切平易，意绪情调淡泊悠闲。首联讲述草堂的规模和用料，“五架”指的是“五架梁”，即承托五条桁的梁，梁承托着屋面的全部重量，一般选用横断面为矩形的横木。“五架三间”说明这个新草堂由三间不大不小的房屋组成。“石阶”说明门前的阶梯用的是天然的石头。“桂柱”指的是用桂树制成的房屋梁柱，“桂”并不是桂花，而是能够作为建筑材料并且带有香味的樟科植物。“竹编墙”有很多种，可以用绳子或者木板加固，竖着或者横着编排成一道竹墙，也可以交叉斜编。从寥寥数字可以看出，草堂虽然不富丽堂皇，但都取材于自然，“桂”和“竹”都是古人吟咏的对象，象征着美好的品质和高尚的人格。在白居易的描述中，他的草堂冬夏皆宜。冬天时太阳东南升、西南落，朝南的草堂能够最大程度地吸纳日光，夏天时向北开的门又能够通风透气，冬暖夏凉。然而毕竟是“草堂初成”，能够溅到房屋上的泉水还只有星星点点，拂过窗边的竹子歪歪斜斜不成行列。等到来年春天把东侧的房屋修好了，用纸糊窗户、墙壁，用芦苇编织帘子，就可以住进去了。“孟光”是东汉隐士梁鸿的妻子，两人一起隐居在山中，过着举案齐眉的生活，这里诗人自比“梁鸿”，抒发自己的隐逸之心。

曾经雄心勃勃想要在政坛上大展身手的白居易，为什么又在庐山草堂的营建中注入了这样闲适的隐逸之思呢？事情的缘起要追溯到元和十年(815)。

这年六月，宰相武元衡遇刺身亡，白居易主张严惩刺客并追讨幕后主使。但中唐政局混乱，朝廷与藩镇之间的利益错综复杂，白居易就成了这次政治斗争的牺牲品——他被扣上了“越职言事”的罪名，被贬为江州司马。这也是白居易政治生涯中的第一次被贬。这一次挫折让白居易深深感受到了宦海沉浮的悲哀，他建功立业的热情受到打击，思想逐渐发生了变化。这首《香炉峰下新卜山居草堂初成偶题东壁》大约写于元和十一年(816)的冬天，也就是白居易被贬江州之后的第二年。这年秋天，白居易也许是经过香炉峰，看到香炉峰和北边的遗爱寺之间风景极佳，让他一个外乡人如有回乡之感，竟久久不愿离去，于是计划在这里新建一间草堂。然而只要查看时间，就会发现有名句“江州司马青衫湿”的《琵琶行》，也是写于元和十一年。或许，白居易从汲汲于朝堂到寄情于山水的转变，正是始于这一时期。

在亲力亲为建造自己的草堂之时，白居易还写出了这样的诗句：“言我本野夫，误为世网牵。时来昔捧日，老去今归山。倦鸟得茂树，涸鱼反清源。舍此欲焉往，人间多险艰。”可以看出白居易在这段时间里内心的斗争。那么来年春天，也就是元和十二年(817)，草堂建成什么样子了呢?

根据白居易《草堂记》的描述，木材只用斧子砍削，不用油漆彩绘，墙面也是只需涂一层泥防风，不用粉刷得多么精致，用石头砌台阶，用纸糊窗户，用竹子做帘子，用麻布做帐幕，这些也都跟草堂简朴自然的格局相符合。屋内的陈设是：四张木床，两座素色屏风，一张漆琴，还有几卷儒、释、道家的书籍。这些屋内陈设和房屋建材一样，都是设计者生活态度和生活情趣的体现。白居易认为，自己作为草堂的主人，能够仰观山色，俯听泉声，赏竹树云石，庐山用它神奇的美景安抚了自己被贬谪的痛苦。而被贬江州，郡守待他十分优容，白居易认为这是自己因祸得福的时机，在这里得到了梦想中的生活，也就没有什么好苛求的了。只是他仍然为官职所牵制，只想着等弟妹都成家立业，自己的任期结束，就可以随自己的心意，和妻儿在这里住下，终日与古琴书本相伴，悠然度过余生。

白居易后来自评“面上灭除忧喜色，胸中消尽是非心”，这种归趋佛老、效法陶渊明的生活态度，和他贬谪江州之后所表现出来的退避政治、复归山林的思想，与后世文人的精神世界相契合。而他笔下的山水园林建筑景观，也因为注入了这样的悠然自得，重塑并丰富了园林艺术美学。

小理的客厅

今日沙龙话题：怎样才能设计出既节约成本又足够结实的建筑物呢？

－小物：我发现现在很多建筑都用空心砖盖房子，据说空心砖隔热和隔音效果比实心砖要好，而且更加节能环保。可是，我总担心空心砖盖的房子会不会不结实啊。

＋小理：房子结不结实与很多因素有关，建筑材料自身的强度和抗弯能力当然是很重要的。不管空心砖多么节能环保，具有多么良好的隔热和隔音性能，但如果它的空心部分会显著降低材料强度的话，那么它作为建筑材料一定是不合格的。

－小物：啊？这也太吓人了，那为什么还要设计成空心的呀？

＋小理：不要急，我说的是“如果”嘛，实际上是不会的。这就涉及弹性力学了，你知道什么是弹性体以及我们为什么要研究弹性体吗？

小诗：你说话大喘气，把小物吓坏了。弹性体就是会变形的物体吧。对弹性体的研究有什么特殊的意义吗？

＋小理：我们学习物理往往要建立一个个“理想模型”来逐步理解问题，达到由易到难、循序渐进的目的。我们建立的第一个理想模型叫“质点模型”，就是我们把物体看成没有大小、只有质量的一个“点”，然后研究这个点的运动，这个模型化繁为简，抓住了物体（质心）运动的特征。

但是，现实中物体都有大小和形状，当物体的运动涉及转动时，再把它看成一个点就不合适了。这时候我们可以把物体看成一个“质点系”(若干质点组成的系统)，但我们仍然希望这个“质点系”是特殊的，希望它在运动的过程中不会变形，这就有了物理中的第二个理想模型——“刚体模型”。同样，世界上也没有绝对不会变形的物体(质点系)，任何物体(质点系)受到外力或多或少都会变形，这时候人们又提出了一个特殊要求，希望研究的质点系即使有形变，当外力撤除以后，它的形变是完全可以恢复的。这就有了第三个理想模型——“弹性体模型”。

－小物：也就是说，弹性体是一个更方便我们研究而假定出来的理想模型，那么在一般的研究中，它会怎么变形呀?

＋小理：弹性体会发生很多形变，包括体积形变、拉压形变、剪切形变等。当外力作用于弹性体时，它内部的各处都会发生形变，同时产生相应的内力。弹性力学研究内部力和形变之间的关系，具体来说是研究单位面积上的力(称为“应力”，单位是“帕斯卡”)和改变量与初始量的比值(称为“应变”，没有单位)之间的关系。弹性模量是材料在弹性范围内应力与应变的比值，代表着材料抵抗变形的能力，数值越大，材料越硬。

－小物：在农村时我经常看到有人拿一个小木板架在小溪上当桥走，人走在上面的时候，木板桥会变弯，这就是发生了弹性形变吧?

＋小理：这个时候其实是溪流两岸类似于桥墩提供了支撑，给了桥两边各一个向上的力，人走在上面的时候，会给它一个向下的力，这样一上一下，桥就变弯了。

－小物：是啊，可没安全感了，感觉我一脚就能把它踩断。

＋小理：这种弯曲叫“纯弯曲”。如果把木板桥想象成多层弹性体，纯弯曲过程只不过是弹性体内部各层受到了不同的拉、压作用。其中，上层的弹性体受到了压力，长度变短；下层的弹性体受到了拉力，长度变长；中间一定有一层和原长相等的，是不受力的。这些由于弯曲产生的内力矩抵抗着外力矩，从而使得木板桥在弯曲到一定程度后达到静力平衡。外力矩越大，木板桥弯曲得会越厉害，直至超过它的弹性极限，就会断掉。①

－小物：我们总不至于要在小溪上修一座橘子洲大桥吧，还有什么安全牢固一点的办法吗？

＋小理：有呀，桥梁想减小弯曲程度，可以用更硬、更抗弯的材料，也就是增大材料的弹性模量，或者增加材料的宽度，但最有效的抗弯措施是增加厚度。假设你用一根木头做承重的梁，想提高它的抗弯能力，采用“厚 10 宽 1”的支撑方式的抗弯能力是“厚 1 宽 10”的 100 倍！

小诗：虽然我对数字和公式都很不敏感，但好像有点懂了：这就是传说中的“立木支千斤”的原理吧。

＋小理：是的，把“厚 1 宽 10”变成“厚 10 宽 1”也可以理解成把梁立起来，变成一根“立木”，这会大大提高它的承载能力。

－小物：但是这和空心砖的抗弯承载又有什么联系呢？

＋小理：因为在内力矩抗衡外力矩时，在中间层附近的弹性体贡献的抗弯力矩是很小的，即使挖掉中心部分，也不会显著影响材料的抗弯能力。

小诗：这就是空心的竹子也很抗弯的原因吧？正如清朝郑板桥的两句

---

① 由胡克定律可以算出各层拉、压力的大小，再由内外力矩的平衡就可以得到木板桥的曲率 $k=\frac{12M}{Ybh^3}$（曲率 k 越大，代表弯曲越厉害），其中 Y 是材料的杨氏模量。

诗“千磨万击还坚劲，任尔东西南北风”。我国南方还有很多地方是用竹子来建房子的，建的竹楼既轻巧又结实。

+小理：是的，空心竹子的抗弯能力并不会显著低于等厚等宽的实心竹子，它还有节省材料、隔热环保等好处，这就是目前在建筑中大量使用空心砖的原因。

-小物：刚才小理提到因为梁的中间层对于抗弯的贡献有限，所以去掉以后对梁的抗弯能力影响不大。但中间层毕竟还是贡献了一些力矩的，如果加上它的贡献不是更好吗？实心梁盖的房子一定还是比空心梁盖的房子更结实、安全的吧。

+小理：单就一根梁的抗弯能力来说，实心的梁一定比空心的梁要强。但建筑安全是个综合的力学设计问题，梁减掉了自重，实际上也就减掉了对下层结构的负载，如果设计合理的话，完全可以提高建筑整体的抗弯抗倒能力。

-小物：说到建筑设计，我想再多问一句，我们偶尔会看到由于地震导致房屋倒塌，所以到底能不能设计出一座永远震不倒的房子呢？

+小理：这是个好问题，但不是建筑设计关心的问题。从理论上来说，如果不计代价和成本，只要不断提高建筑材料的自身强度，比如往混凝土里加入更多更粗的钢筋，房子的抗震能力就一定会提高。夸张点来说，你全部用钢铁焊接一个足够厚的房子，它一定可以抵御10级以上的地震，在地球的岩石毁灭之前它都不会散架——但这不是建筑设计要做的事情。建筑设计要做的是，在满足抗震要求的前提下，怎样更省材料、更省钱，就怎样设计。这既包括使用更轻型的新材料，也包括探索更合理的力学结构设计，这就是一门专门的学问了。

3 玉垒浮云变古今——流体力学

小物的日记

那三分钟的风云变幻是极致的美丽

2018 年 7 月 6 日，雪转晴，西藏岗嘎珠峰古堡

天已经蒙蒙亮了，珠峰顶上还环绕着厚厚的云层，厚重的云像波涛一般往前奔涌着，不多时就只剩下丝丝缕缕的浮云，像是被吹打翻动的旗帜。

“这就是传说中的珠峰旗云吧?”我问驴友。“对，珠峰旗云一日之内姿态万千，不仅给珠峰增添神秘感和美感，还是登山运动员判断天气的依据。”说话之间，金粉色的阳光在山上弥漫开来，世界最高峰在此刻变得柔情起来。

在金粉洒满雪山后，有一朵云从山峰的那边飘来，一开始像一头粉色的小飞象，经过珠峰时慢慢散开，变成一头金色的小飞猪，等来到我们面前时，只剩几缕烟雾了。尽管守望了一整夜，整个日出过程不过几分钟，我也觉得值。

小诗的回忆

浮云易变，希望不变

极目远眺似乎是刻在我们骨子里的审美活动，孔子认为“君子登高必赋”，《诗家直说》中也指出，“凡登高致思，则神交古人，穷乎遐迩，系乎忧乐，此相因偶然，著形于绝迹，振响于无声也”。在登高的过程中，不管是“会当凌绝顶，一览众山小”，还是“把吴钩看了，栏杆拍遍”，都是一个向上攀登和向内求索的过程，其中所见花开花谢、潮涨潮落、云卷云舒、月盈月缺，都能让人感觉远离了尘世的喧嚣，游走于历史的长河中，和古往今来或激昂或悲怆的文人相遇，以抒发一腔热血，或排解满心愤懑。

在唐代宗广德二年（764），也就是杜甫到蜀地的第五年，这年春天，因友人严武再次镇蜀，杜甫也重新回到了成都草堂，“漂泊西南天地间”的杜甫并没有偏安一隅，国家动荡、客居蜀地给他带来的是身体和精神的双重折磨，他在暮春的一天登楼远眺，暂排苦思，写下了一首被评为“气象雄浑，笼盖宇宙”的《登楼》：

花近高楼伤客心，万方多难此登临。
锦江春色来天地，玉垒浮云变古今。
北极朝廷终不改，西山寇盗莫相侵。
可怜后主还祠庙，日暮聊为梁父吟。

这首《登楼》直接继承了王粲《登楼赋》中寄居他乡、怀才不遇之叹和饱经战乱、期盼和平之感，而在王粲的基础之上，杜甫更多了一些对时局的忧心和以天下为己任的担当，以及对宇宙时空的感慨探寻。

诗一开篇即气势不凡，表面上叙述的是在春意盎然的时节登楼远眺，然而国家内忧外患，多方受难，诗人客居此地身不由己，无法一展才华为国效力，因此郁郁不得志。诗人巧妙地将情景错杂，读之感觉愤懑情绪破空而来。“花近高楼伤客心”实际上就是“感时花溅泪，恨别鸟惊心”的同类表达，“万方多难此登临”中的“万方多难”，是对当时唐王朝的准确描写。那两年，唐玄宗和唐肃宗相继崩逝，继位的唐代宗昏聩无知，刚愎自用，信任佞臣宦官，猜忌忠良。尽管安史之乱已经平息，但各地的烽火狼烟并没有停止，大大小小的外部侵略和内部起义不断……这就是诗人在登临之际看到、想到的唐王朝的“万方多难”。“锦江春色”一句既是写锦江春景，也指成都的政治生态，此处的环境和“万方多难”形成鲜明对比，高楼附近一片生机勃勃的样子，锦江流水带着春意从天际线奔涌而来，而在这些山水的背后却有豺狼虎视眈眈。从一句对空间的描述，再到看见玉垒山上浮云飘忽变化，引申到对时间的思考——浮云漂泊，忽起忽灭，正如世事沧桑变幻。杜甫另一首诗《可叹》中的“天上浮云似白衣，斯须改变如苍狗”，也用了“浮云”的意象来表达自己的身世之叹和时空之感。

颈联两句则是实指，由时空变化之感回到现实世界。“北极”，星名，居于北天正中，此处指大唐政权。“北极”句意为本朝气运仍在，江山不会移易。“西山寇盗”指的是吐蕃三番五次东侵，夺取了大唐的大片土地。“莫相侵”就和“终不改”一样，尽管诗人落笔于现实，但这两句其实是他朴素美好的愿景。同时，此句只写了“西山寇盗”，是对“万方多难”的一个举例，实际上当时并不只有“西方”，还有北方手握兵权的叛军将领，有东方多次爆发的农民起义，有南方和吐蕃联合的南诏……因此，将这一联理解为诗人认为唐王朝气运久远，吐蕃入侵如浮云般不能猖獗多久，实际上是不准确的，这里更多是诗人美好的希冀和幸存的叹息。

尾联借古论今。“可怜后主还祠庙”中的“后主”指三国时期蜀汉后主刘禅，是著名的“扶不起的阿斗”，而四川人民为了纪念先主刘备和丞相诸葛亮，仍然为刘禅盖了祠庙。这里看似将目之所及入诗，实际上是对唐王朝国运的叹息。百姓歌颂先主和丞相，感念故国，因此才为刘禅立庙，现在的唐人也是感念盛世太平，因此担当责任，想为现在的帝王尽忠。“日暮聊为梁父吟”句用典，据《三国志·诸葛亮传》记载：“亮躬耕陇亩，好为《梁父吟》。”《梁父吟》是一首抒发怀才不遇之感的诗，诸葛亮在遇见刘备前经常吟咏这首诗。此处诗人自比，感叹自己的怀才不遇、身世浮沉。“可怜”和“日暮”两个词，把空间和时间都拉进了一个苍凉忧伤的境界之中，从浮云变化到日暮低垂，原本想要登高舒怀，却满目皆为悲凉之境。“聊为”体现诗人在此种郁结的氛围之中聊以自慰，自伤自勉，遣词委婉而又意蕴深切，呼应了首句的“伤客心”，言有尽而意无穷。沈德潜称之为“杜诗之最上者”，该当如是。

历史的长河奔涌而来，世界沧桑变化，如同一方蓝天上翻滚的浮云，“浮云聚散复西东”，其中凝聚着古人深沉的爱国之情和悠远的宇宙哲思。

小理的客厅

今日沙龙话题：为什么白云有着千变万化的姿态呢？

小诗： 云真是古代诗人特别钟爱的一个意象，白云、行云、浮云、彩云都是古典诗歌中的高频词。

－小物：可能正是因为云的自由流动与千变万化，才容易引起诗人丰富的联想吧。云为什么会有那么多的形状，而且还那么容易变化呢？

＋小理：云是由空中的水凝物（如小水滴、小冰晶等）构成的飘浮在大气中的聚合体，它多变的形状可用流体动力学知识解释，而流体的一个重要特征就是没有确定的形状。

－小物：固体有确定的大小，也有确定的形状，液体有确定的大小，但没有确定的形状。从力学上看，为什么液体不能保持自己的形状呢？

＋小理：通俗来讲，固体抗搓，流体（液体、气体）不抗搓。举个例子来说，即使是一块豆腐，它很软吧，但它也是固体呀，那么在接触面上“搓”它，只要没被“搓碎”（超出弹性极限），豆腐就可以通过形变来抵抗住这种“搓力”。而且一旦撤掉“搓力”，它的形状就复原了。在“搓力”作用下，固体内部会产生使材料恢复到变化前的状态、对抗外力、相切于截面的内力（也就是切应力），静止的流体则不行。

－小物：也就是说，流体无法通过一个“静态的切向形变”去抵抗“搓力”的作用，一旦有力“搓”流体，它就只能不断地形变下去，直到“搓力”消失。

＋小理：是的，即使是黏性很大的流体（比如蜂蜜），只要受搓，形变就会持续发生，只不过黏性越大，形变发展的“速率”越小而已。但只要形变速率不是零，形变就会持续增大，流体也就不能维持一个确定的形状了。

小诗：我一直很好奇，水和冰的密度要比空气大很多，刚才提及云里面有很多小水滴甚至小冰晶，它们为什么不会掉下来呢？是因为它们足够小，空气的浮力撑住了它们吗？

+小理：空气的浮力有一些影响，但不是主要因素。因为所受浮力与体积成正比，尺寸小的液滴所受浮力也很小，浮力一定不足以抵抗液滴的重力。因此，云中的小液滴是会下沉的，只不过下沉的过程中会受到空气黏滞阻力的影响，黏滞阻力的大小和速度有关。刚开始，空气阻力很小，小液滴在重力的作用下加速，但由于空气阻力是随着速度的增大而增大的，最终空气阻力一定会和小液滴的重力达到平衡，小液滴也就达到了速度的最大值，即收尾速度。对于半径为 1 微米的小液滴，其收尾速度约为每秒 0.12 毫米，是一个非常小的值，因此几乎不会从几千米的高空掉到地面上来。至于云中的小冰晶，由于冰的密度比水还小，同样尺寸的小冰晶，它的收尾速度甚至还会略小于小液滴，因此也不会落下来。

–小物：可雨还是要下的，总还是会有液滴落到地面上来吧？

+小理：对于小液滴，根据流体力学公式计算得到的收尾速度会正比于液滴半径的平方。所以按照前面的估算，液滴半径扩大至 10 倍，达到 10 微米，那么它的收尾速度就会扩大至 100 倍，达到每秒 12 毫米，形成毛毛雨飘到地面。有人用实验测量过这种雨的液滴速度，大概为每秒 10 毫米。

小诗：液滴的半径越大，最后的收尾速度也会越大。如果液滴的半径有 1000 微米，也就是 1 毫米，那收尾速度岂不是会达到每秒 120 米？我们不会被雨滴砸死吗？

+小理：谁都淋过雨，半径 1 毫米也只不过是普通雨滴的尺寸，显然我们不会被雨滴砸死。这时我们要采用不同的计算公式，因为雷诺数不同了，空气阻力不再正比于速度，而是正比于速度的平方。对于半径为 1 毫米的液滴，因受到的空气阻力变大，估算的收尾速度为每秒 7 米。这就是一个与实验事实相符合的正常雨滴速度了，这个速度是砸不死人的。

-小物：雷诺数？我好像听说过，这是一个很重要的流体力学参数吗？

+小理：是的，雷诺数是描述流体惯性力与黏滞力大小的比值，是流体力学里最重要的参数之一。其他条件不变，液滴大，雷诺数大，就意味着流动过程中惯性力占主要地位；液滴小，雷诺数小，则意味着黏滞力占主要地位。在我们放大和缩小流体力学实验系统时，除了需要几何形状相似以外，一定还需要雷诺数相似，才有可能得到同样的流动状态。

-小物：水是流体，空气是流体，云也是流体，它们“居无定形”，从古至今，让我们浮想联翩。流体的现象和效果在我们身边好像无处不在。

小诗：不仅我们赖以生存的水和空气是流体，就连我们的哲学与思想也处处在与流体力学打交道。老子说：“上善若水，水善利万物而不争……”正是由于水抵抗不了外力，“居无定形”，才能“无孔不入”地滋润万物。高贵的品质就应该像水一样。2000 多年前，古希腊哲学家赫拉克利特曾提出他对世界的思考：“万物皆流，无物常驻。”对这句话最好的注解也许是那句“群山在上帝面前流动”。

+小理：“群山在上帝面前流动”这句话被很多流体力学著作引用，用以说明材料的流变现象要与观察的时间尺度关联。站在极高的时间尺度看，群山何尝不是在流动变化呢，珠穆朗玛峰不也还在长高吗？在这个世界上，唯一不变的可能就是变化本身。

4 安得长绳系白日——相对论的时间膨胀效应

小物的日记

我和小七的第一次约会

2022 年 12 月 16 日，小雪转晴，长沙

我和小七约好晚上一起吃饭。川菜馆的生意太好了，前面还有 19 桌，我们在门口坐下来，边聊边等位。正聊得起劲，突然传来叫号的声音。怎么回事？平时最不耐烦的就是等位，今天怎么过得这么快！

吃完饭，我们去后湖散步。夜晚的风很温柔，月色也很美，我和小七聊得很尽兴。“快十点了，我该回去了。”小七说。“啊？这么快就十点了！”我有些不舍。幸福的时光怎么就过得这么快呢！

小诗的回忆

天上一日，地上一年的时空穿越

快乐的时光总是那么短暂，尽管“金风玉露”的相逢，“胜却人间无数”，但短暂的相逢、相聚终究要以分离作为终结。人间的痴情儿女，又有谁能潇洒坦然地走出悲欢离合呢？“从别后，忆相逢，几回魂梦与君同”，相聚的短暂欢愉，别后的漫长相思，梦里重逢的期待，是中国古代抒情诗歌永恒的话题。试看李商隐的《无题四首》(其一)：

来是空言去绝踪，月斜楼上五更钟。
梦为远别啼难唤，书被催成墨未浓。
蜡照半笼金翡翠，麝熏微度绣芙蓉。
刘郎已恨蓬山远，更隔蓬山一万重！

这首诗从一场梦开始，诗人日思夜想的人终于静静地出现在他的梦里，他希望相逢的这一刻就是一生，希望永远不要醒来。但随着月亮西斜，他从梦中惊醒，发现梦中人早已消失得无影无踪。

天还没亮，诗人却再也无法入眠。梦中的人何时才能再见？为什么美好的梦境总是那么短暂？

既然睡不着，索性起来给远方的她写一封信吧，将满脑子的思念写下来，将满肚子的牵挂寄给她，将满腔的爱倾诉给她。可能是因为夜晚灯光昏暗，更可能是因为“情动于中”，诗人奋笔疾书，一气呵成，才发现墨未磨浓。

诗人无奈地抬起头，残烛半照着饰有金翡翠的帷帐，芙蓉褥上依稀浮动着麝香。诗人仿佛想起了那“施绛罗帐，帐角悬铃，金银交错”的场面，也想起了“刘郎”的故事。

在中国古典诗词中，有几位著名的“刘郎”，比如历史上大名鼎鼎的汉武帝刘彻，以及神话传说中的刘晨。李商隐诗中，同时化用了这两位刘郎的故事。

表面上，李商隐化用的是汉武帝刘彻热衷于求仙的故事，实际上，他真正想要化用的是刘晨的故事。

相传在东汉明帝永平五年(62)，剡县的两个人到天台山采药，一个叫刘晨，一个叫阮肇。两人走着走着迷了路，在山里转了十多天，怎么也找不到回家的路。他们随身带来的食物早已吃光了，就在二人饿得两腿发软的时候，一抬头看到山上有一棵桃树，结了红彤彤的桃子。于是他们抓着山崖上的藤葛，手脚并用，爬到桃树边，大啖了一通甜爽可口的桃子。肚子吃饱了，体力也充沛了，他们打算下山。越过山，眼前有一条大溪，溪边有两名女子，盛情邀请他们去家里做客。刘晨、阮肇就这样跟随两名女子前往，只见她们的居所华美温馨，侍婢环绕，饮食精美细致。刘、阮二人饱餐一顿后，两名女子又捧上美酒。一会儿一群女子笑意盈盈地过来，每人手上拿着几个桃子，对那两名女子说：“咱们特来庆贺你们喜得佳婿啊!”

刘、阮二人在困境中忽然遇到这样的事，自然是又惊又喜，于是留在两名女子家中，待了十来天。不过神仙般的日子虽然舒适惬意，刘、阮二人毕竟惦念家人，他们入山采药已经很久了，杳无音信，还不知家人怎么着急呢。他们向两名女子告辞，两名女子依依不舍地说：“郎君和我能够相遇相识，本是上天赐予的缘分，又何必念念不忘家乡呢?”刘、阮二人也不忍心就这样辞去，又在山中逗留了一些日子。直到第二年春天，桃花再次盛开的时候，思家的情绪越来越浓厚，这一次，他们不顾两名女子的苦苦挽留，说：“我们回家去看看，再回来和你们相聚。咱们只是暂别，并非永诀，何必如此伤心呢?”

两名女子挽留不住归心似箭的刘、阮二郎，只好按照来时的路再将他们送出山去。

刘、阮二人终于回到了他们居住的村庄，然而，令他们意想不到的是，他们曾经的小山村除了山水依旧碧绿，桃花依旧粉红之外，房舍、村民早已变了模样。他们拦住好几个村民一问，彼此都不认识。就这样走走问问，好不容易碰到一个和他们同姓的村民，仔细一问，竟然是他们的第七世孙。这个村民依稀记得老一辈曾经说过，有两个祖先上山采药，从此未归，有人说可能是采药的时候摔死在山崖中了，有人说只怕是在深山里迷路饿死了，有人说会不会是碰到神仙升天了……反正时间隔得越久，越是传得神乎其神。

刘、阮二人这才恍然大悟，他们遇到的那些女子并非凡人，而是神仙。他们也这才明白：山中一日，世间一年，他们苦苦思念的家乡早已变了模样。

刘、阮二人在山中仙境的快乐时光过得飞快，桃源半年，人间已七世。因为这个故事，此后“桃源”“桃源洞”“桃花洞”“桃源遇仙”成了诗词中频繁化用的典故，用来比喻邂逅的传奇爱情或者浪漫的约会地点。

“刘郎已恨蓬山远，更隔蓬山一万重”，“蓬山”代指仙人居住的地方。刘郎已恨仙凡路隔，蓬山远在他到不了的地方，更何况他心爱的人还在蓬山万重以外的地方呢!

其实，类似刘晨遇仙的故事，在中国文学的长河中并非孤例，例如刘禹锡诗《酬乐天扬州初逢席上见赠》就有“怀旧空吟闻笛赋，到乡翻似烂柯人”句，说的是晋朝时有民王质，在山中伐木，看见数名童子在下棋、唱歌，于是停下脚步。过了一会儿，童子对他说，你还不离开吗?此时王质发现，自己手中的斧柄已经朽烂了，回到家里，他才发现与他同时代的人已经不在了。

刘郎遇仙与烂柯人的传说，似乎都是在体现对神仙与凡人的不同，究其实质却承载了古人对时间的思考。人间的时间和仙界的时间不一致，也是中国古人独有的一种观念，却在某种意义上契合了宇宙的时空观。

小理的客厅

今日沙龙话题： 为什么快乐的时间总显得那么短暂？

－小物：不光是刘郎遇仙和烂柯人的故事啊，在《西游记》里，我们也经常看到“天上一日，下界一年”的描写，古人似乎认为仙界和人间的时间流逝是不一样的，这在物理上解释得通吗？

＋小理：按照狭义相对论的观点，每个参考系都有自己的时间，不同参考系对时间间隔的度量是不一样的，依赖于参考系的运动。具体来说，一个惯性系看其他任何相对它运动的参考系，都会觉得那个运动参考系的时间流逝在变慢。地面就是这样一个惯性系（称之为 S 系），而天上的神仙是处在相对 S 系运动的另一个参考系（称之为 S' 系），只要天上参考系（S' 系）相对于地面参考系（S 系）的运动速度足够快，那么以 S 系的时间尺度来衡量，就有可能实现天上只过去一日（S' 系的时间流逝），而地面已经过去一年（S 系的时间流逝）了。

小诗：那天上的神仙会觉得自己的时间过得慢吗？

＋小理：这是不会的。按照狭义相对论的第一个基本假设——狭义相对性原理，即一切物理定律在所有惯性系中是等价的，只要天上的参考系相对地面参考系是匀速直线运动，那么天上的参考系也是一个惯性系，在这个惯性系里做任何实验，包括观察自己参考系的时间流逝，都和地面参考系是一样的，观测者不会觉得自己的时间流逝变慢了。就像你坐在一列高速运动的火车里，只要火车的运动是匀速的，不看窗外，你甚至都感觉不到火车是在运动还是静止不动。但请注意，虽然运动的参考系（天上或者火车的参考系）中的人并不觉得自己的时间流逝有任何变化，但是在地面的人看来（以地面参考系的时间来测量运动参考系的时间流逝），却会觉得运动参考系中两个事件发生的时间间隔变大了，也就是时间流逝变慢了，也可以称之为“时间膨胀”了。这就是狭义相对论的“时间膨胀效应”。

－小物：可是我在月台上看呼啸而过的火车，好像并没有觉得火车里面的人在做慢动作呀。

＋小理：那是因为火车相对于月台运动的速度还不够快。只有当参考系的运动速度和真空的光速 c 可以比拟时，这个效果才会明显。比如说，想要达到“天上一日，下界一年”的效果，需要仙界参考系相对地面参考系的速度达到 $0.999989c$ 才有可能。

小诗：需要这么快呀。宇宙中最快的速度是光速吗？

＋小理：是的，这就是狭义相对论的另一个基本假设——光速不变原理，即在任何参考系中测量真空的光速都是一样的，约等于 3×10^{8} 米/秒。光速不变原理和狭义相对性原理共同构成了狭义相对论的基础，狭义相对论的一切结论都可以基于这两个基本假设推出，包括时间膨胀、长度收缩、质速关系、质能方程等。当然还可以推导出，在任何参考系中，要把静质量不是零的物体加速到光速，需要做无穷大的功。这也意味着无法把静质量非零的物体加速到光速，光速也就成了物体运动速度的上限。

小诗：不同的参考系的时间间隔是不同的，那么在不同的参考系中，两个事件发生的先后顺序可以颠倒吗？

+小理：在狭义相对论中，在一个参考系里一前一后发生的两个事件，在另一个参考系的时序是有可能颠倒的，但是这要分情况讨论。如果这两个事件在任何一个参考系的空间间隔除以时间间隔小于光速，就意味着它们之间可能有因果联系，或者至少来得及建立因果联系，那么它们在任何参考系中都不可能颠倒时序（称之为“类时间隔”）。反之，如果这两个事件的空间间隔除以时间间隔大于光速（称之为“类空间隔”），那么这两个事件在一些特定的参考系中就有可能颠倒时序。

小诗：颠倒了时序，是不是就意味着我们能穿越？我好想穿越到宋朝，去看看易安居士，可是又担心穿越会改变历史，我就再也回不来了。

+小理：虽然“类空间隔”的两个事件可能颠倒时序，但由于任何物体（包括信号）的速度都不能超过光速，“类空间隔”的两个事件本来就来不及建立因果联系，所以即使它们颠倒了时序，也不会影响因果律，改变历史。宋朝和今天的我们同处这片中华大地，空间间隔不大，时间间隔不小，显然这是一个无法颠倒时序的“类时间隔”问题。因此，在狭义相对论的框架里，我们是不可能“穿越”回宋朝的。

小诗：这真是一件遗憾的事。不过诗人还是执拗地相信可以超越，比如屈原想象自己可以来到舜帝面前向他倾诉心曲，南宋词人刘过也想象自己和白居易、林和靖、苏东坡一起把酒言欢……

-小物：从物理学的角度来说的确“穿越”不了，可是我们的想象可以不受时间与空间的限制。我还听说，狭义相对论的出现推翻了牛顿力学，所以牛顿力学应该被淘汰。这个说法对吗？

假使在太空飞船中安装一个光源发射器、接收器和一个反射光源的镜子。

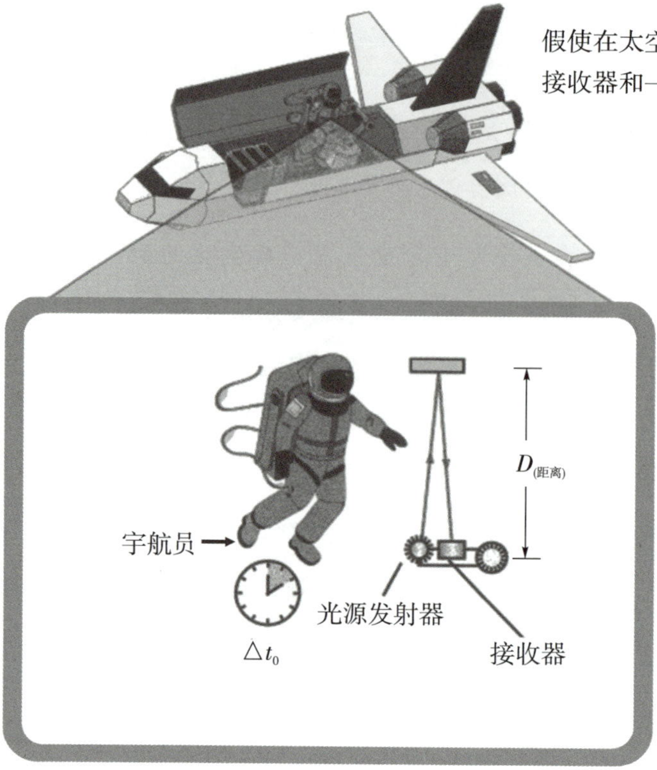

参考系（S' 系）

在飞船中的宇航员眼中，光信号移动的路径为ABC。

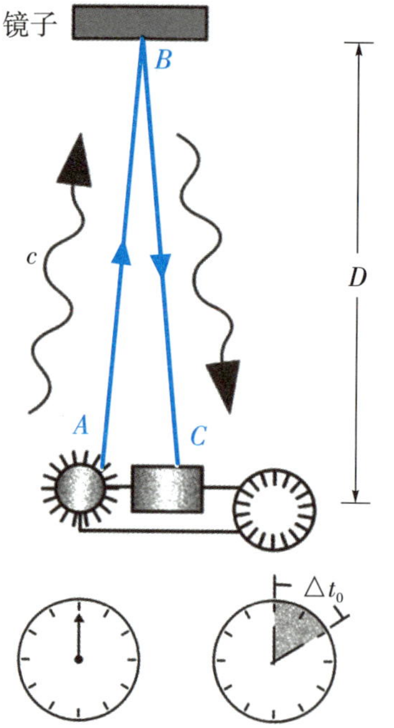

$A'B'C'$大于ABC，光速不变，
光信号完成同样一次移动所需要的时间，
在地球观察者眼中就会被拉长。

$\triangle t_0 < \triangle t$

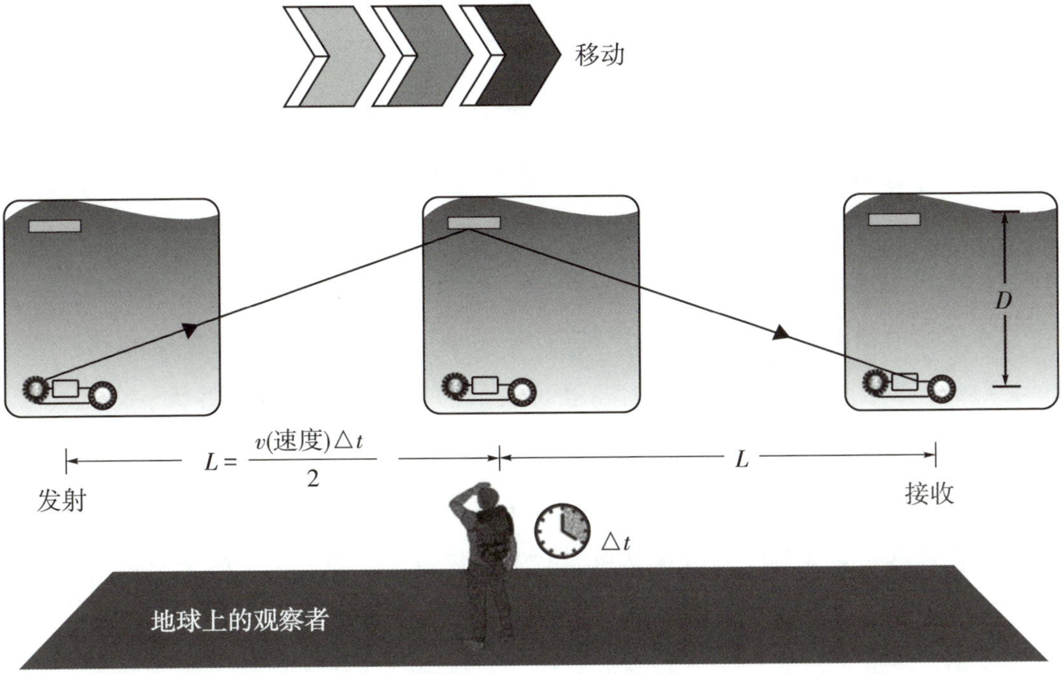

惯性系（S系）

由于飞船高速行驶，

地球上的人观察到光信号移动的路径为$A'B'C'$。

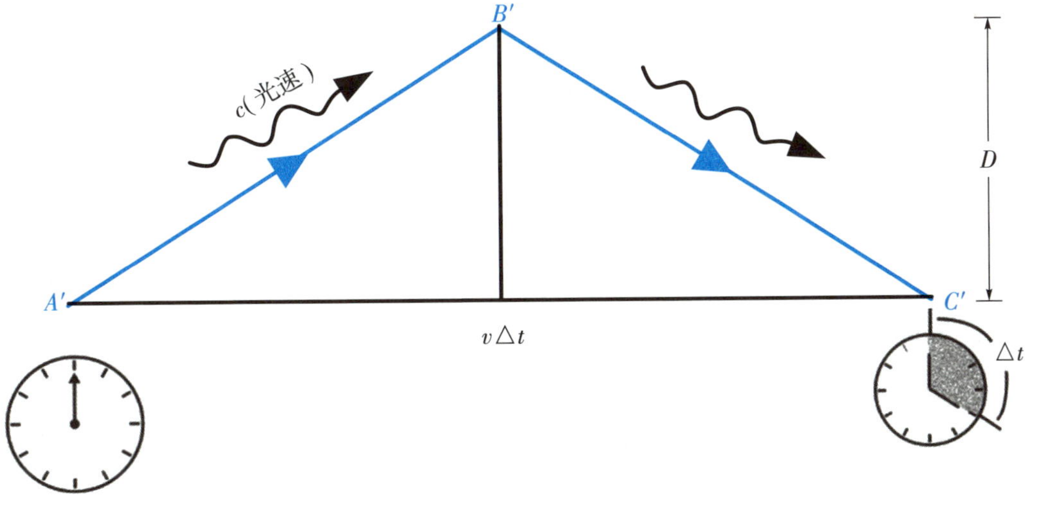

图 2.4－1　时间膨胀

+小理：我们可以说狭义相对论推翻了牛顿力学的绝对时空观，改变了我们对时空的认识，但绝不是彻底推翻了牛顿力学。作为一个科学理论，牛顿力学源自对众多实验现象的总结与分析，有着深厚的实验基础。人们曾经以为牛顿力学可以描述一切力学问题，事实上它也确实显示了它的强大，从“苹果落地”到“行星运动”都可以用牛顿力学来精确解释，但爱因斯坦的狭义相对论告诉我们，当考虑的物体足够快(可以和光速比拟)时，牛顿力学用来描述坐标系时空变换的法则——伽利略变换就不再正确了，需要更换成包含了光速不变原理的洛伦兹变换。但即使是洛伦兹变换，在低速极限下仍然会还原成牛顿力学中的伽利略变换。也就是说，只要是速度远小于光速的宏观力学问题，牛顿力学的结论就一定是正确的，狭义相对论只不过是给曾经以为在高速、低速都适用的牛顿力学重新圈定了适用范围(在远小于光速的低速范围成立)。

-小物：我可不可以这样理解——我们在知道相对论之前是用牛顿力学打乒乓球的(打乒乓球的机器人的设计就基于牛顿力学)，在我们学习了相对论后，打乒乓球一定还是要用牛顿力学，而不可能用相对论去打乒乓球——因为乒乓球的速度就在牛顿力学适用的范围。

+小理：你说得很对。人类今天生产与生活中的几乎所有速度(包括汽车、飞机甚至火箭的速度)都在牛顿力学适用的范围，所以只要我们还生活在这个速度范围，牛顿力学就将主宰我们的运动，这也是为什么我们学习物理仍然要从牛顿力学学起。当然，今天的我们已经开始飞出地球，走向太空，未来也必将以更高的速度去探索新的世界，狭义相对论的基本原理及相关的各种效应也必然更多地呈现在世人面前，并为大家所熟悉。

小诗：能去探索太空真的很让人神往，“碧海青天夜夜心”啊！宇宙那么大，我想出去看看。可我们毕竟不是嫦娥，那些遥远的星星动辄离我们数万光年，而狭义相对论又不会让我们的宇宙飞船速度超过光速，那么我们还有可能在有限的生命里实现数千甚至数万光年的星际旅行吗？

+小理：这是可能的。的确，宇宙非常大，可观测的宇宙半径大约为460亿光年，银河系的半径约为5万光年。即使将来飞行器速度不断提高，也只能是无限逼近光速，而永远无法超越。这意味着如果我们要去一个1000光年以外的星星旅行，大约需要飞行1000年(假设飞行器的速度约等于c)，而人的寿命在可预期的未来只有100年左右，似乎如果不将宇航员冷冻就没办法完成旅行。但请注意，飞行器从地球飞到遥远的星星需要飞行1000年是以地球为参考系来计算和测量的，根据狭义相对论的时间膨胀效应，只要飞行器飞得足够快(逼近光速)，以地球的时间度量，飞行器中的时间流逝就在变慢。如前面的计算，如果飞行器的速度达到$0.999989c$，飞行器上的一天就可以相当于地球参考系的一年。也就是说，宇航员只需要在飞行器上度过1000天，就可以到达距离地球1000光年的星星。如果假设宇航员到达遥远的星星后立刻掉头返回地球，他只需要约1000天就又回到了地球。宇航员在飞行器上度过约5.5年(2000天)就完成了一次1000光年的星际往返旅行，只不过当他再次回到地球时，地球上已经沧海桑田了，因为以地球参考系的时间度量，他的这趟星际旅行已经过去了2000年！这何尝不是一场“穿越”呢。

小诗：所以“刘郎已恨蓬山远，更隔蓬山一万重”的遗憾其实在理论上是可以弥补的，“山中一日，世间一年”并不只是神话啊！

-小物：狭义相对论无法让我们穿越回过去改变历史，却可以让我们穿越到未来创造历史！

5 一片孤城万仞山——几何相似与标度律

小物的日记

登顶珠峰的梦想即将成真

2018 年 7 月 4 日，大风，西藏珠峰

这不是我第一次来西藏，不过我这次只身进藏，也算是一次别样的体验。看过高原明珠布达拉宫的雄伟，去过西藏小江南林芝，见过镶嵌在高原的“蓝宝石”青海湖，我心里还埋藏着一个更大的野心：我要登上珠穆朗玛峰！

明天，就让我向着 8848.86 米的新高度冲刺！①

① 2020 年 12 月 8 日，中国和尼泊尔两国共同宣布，珠穆朗玛峰的最新高程为 8848.86 米。

小诗的回忆

谁才是占据诗坛最高峰的人？

或许，人生就是一个不断挑战新高度的过程，登山是如此，写诗也是如此。

盛唐是中国古典诗歌的一个新高峰，而在“群峰耸峙”的盛唐诗人中，到底谁更“高”一直是一个争论不休的问题。著名的趣闻“旗亭赌唱”，讲的就是几位盛唐诗人争论谁更“高”的故事。

这个故事发生在唐玄宗开元年间，故事的主人公是王之涣、王昌龄和高适，三人相约来到旗亭聚饮。三人诗名誉满天下，且关系非常亲密，经常在一起交游酬唱。后世将这三人和岑参并称为“边塞四诗人”。

这三位大诗人正在畅饮的时候，隔壁桌忽然喧哗起来，三人侧身看去，不由得眼前一亮：只见十几位穿戴华丽的客人说笑着落座，长相竟无一例外都是英俊潇洒、风度翩翩。这十几人刚坐下，正闹哄哄地点菜，又有四位女子婀娜多姿地走上楼来，一个比一个漂亮动人，一个比一个风姿绰约，她们有的提着琵琶，有的拿着箫，有的抱着琴，有的手持玉笛。

三位诗人都是见多识广之人，看这些客人的穿戴打扮、言谈举止，对他们的身份来历已经了然：这十几位男子应该就是鼎鼎大名的梨园弟子了。梨园是唐玄宗在宫廷组建的音乐机构，由唐玄宗亲自培训排练，网罗的是天下顶尖的艺术家。后面的四位美女一定就是前来助兴的歌女了。

王之涣笑眯眯地压低声音对王昌龄和高适说：咱们今日可是撞大运了，等会儿肯定能听到全国一流的“演唱”。咱们别吱声，就等着欣赏这些歌女的精彩表演吧。

还是王昌龄“人小鬼大”，他悄声说：咱仨诗名相当，平时总是分不出个高下，今天难得有这个好机会，不如咱们来比试比试，看看这几位歌女待会儿唱的诗中，谁的诗被演唱得最多，就说明谁的诗最流行，谁就是天下第一，按这个标准排出个一二三来，不知两位同意否？

好主意！王之涣和高适马上附和道。于是，三人屏息凝神，静听歌女“竞唱”。

没过多久，其中一位歌女唱起了“寒雨连江夜入吴，平明送客楚山孤。洛阳亲友如相问，一片冰心在玉壶”。王昌龄乐得直搓手，顺手在墙壁上画了一道。

第二位歌女唱的是高适的诗，高适也喜不自胜地在墙壁上画了一道。

第三位歌女唱的又是王昌龄的诗，王昌龄开心得差点跳起来，急不可耐地在墙上又画了一道。

王昌龄和高适嬉皮笑脸地看着王之涣说：老兄，不好意思啦。

王之涣年纪最大，得名也最久，虽然心里直嘀咕，但脸上不动声色，他不慌不忙地说：刚才这几位歌女都是潦倒之辈，唱的都是下里巴人的词曲，不值一提。你们看那位最优秀的歌女，等会儿她就要开唱了，如果她唱的不是我的诗，那我终身都不敢和两位小弟斗诗了。

不一会儿，最优秀的歌女转轴拨弦，曼妙的歌喉中还夹杂着些许沧桑：“黄河远上白云间，一片孤城……”

哈哈哈哈，二位小弟，这回你们可没话说了吧？王之涣掩饰不住得意与骄傲！

这就是著名的“旗亭赌唱”的故事，又称“旗亭画壁”。其中勇夺“诗赛”魁首的作品就是王之涣的《凉州词》：

黄河远上白云间，一片孤城万仞山。

羌笛何须怨杨柳，春风不度玉门关。

“黄河远上白云间”，起笔就给我们描绘了一幅气象开阔辽远的塞外图景，“一片孤城万仞山”则刻画出了边塞孤城的荒凉和地势的险峻。羌笛吹奏出来的《折杨柳》曲，仿佛寄托着守边战士们思念故乡的忧伤。即使是在春风和煦的季节，玉门关外也感受不到温暖的春意。短短四句诗，既衬托了战士们思乡的怨情，又不失宏大气魄与开阔心胸。

“黄河”“白云间”“孤城”“万仞山”“羌笛”“玉门关”，这些景色共同构建起王之涣心目中的凉州：那是极高、极寒、极荒远的边塞。其中的“白云间”是虚写黄河发源地的地势之高，“万仞山”则是以数字来突出不可逾越的高寒之地。

一仞多高？按照《说文解字》的说法，一仞就是一寻，“伸臂一寻，八尺”，即人双臂展开的长度是八尺①，大概是一个成年人的身高。“万仞山”即八万尺高的山，约 18000 米。

无论是现实中的登山，还是诗歌创作的“试比高”，其实一直都是中国文化的追求之一。“孔子登东山而小鲁，登泰山而小天下”，这是现实的登高，更是思想意义上的对于真理高峰的攀登。

登上高山，永远保持着向上的登攀之势，何惧这山有万仞之高。面对万仞高山心怀梦想，不懈攀登，虽千万人，吾往矣。

其实，在中国古代文化语境中，“万仞”还有更深层次的含义：

夫子之墙数仞，不得其门而入，不见宗庙之美，百官之富。

“夫子之墙数仞”指孔子的才德高深莫测。《论语 · 子张》记载：叔孙武叔在朝堂上对大夫们说，子贡比他的老师孔子更加贤能。子服景伯

① 《说文解字》为东汉许慎所著，汉代的一尺约 23 厘米，一仞(八尺)是 1.8 米左右。

将这事儿转告子贡之后，子贡用围墙的高度来形容自己和孔子的差距。他说如果自己的围墙有肩膀那么高，能从外面看到围墙里发生的事情，那么孔子的围墙就有数仞之高，根本无法看清里面的深邃与广阔。

因为这个典故，后世便用“夫子之墙”来形容道德学问的高深奥妙。孔子家乡曲阜明城墙的正南门，门额就题为“万仞宫墙”。

如果说“一片孤城万仞山”是形容山的高度，并且融入了诗人的浪漫想象与夸张，那么“万仞宫墙”则代表了圣人君子学问、道德的精神高度，是抽象的思想意义的高峰。

“万仞山”是攀登者永远希望征服的对象，而“万仞”的“夫子之墙”，更是中国人心中永恒追求的精神高度。

“江山留胜迹，我辈复登临”，古往今来的中国人，就是这样一直保持着向上登攀的姿态，永不放弃。

小理的客厅

今日沙龙话题：地球上真有万仞高的山吗？

－小物：目前地球上最高的山——珠穆朗玛峰只有 8848.86 米，而王之涣在《凉州词》里却提到了“万仞山”。18000 米啊，这么高的山真的存在吗？

＋小理：我只能很遗憾地打破诗人的浪漫想象了，因为“万仞”高的山在地球上是不可能出现的！我们可以来做一个简单的估算，假设山都是圆锥形的，山体底部岩石承受的压强会随着高度的增加而增加，而组成山体的材料是有抗压强度上限的，当压强超过了山体材料的抗压强度上限，底部的石头就会被压碎，山也就没办法继续增高了。就算假设山体全部由特别抗压的岩石构成，其最大高度也只能到12000米左右！① 一旦超过这个高度，底部的岩石就会被压碎，山体崩塌就在所难免了。何况真实的山体还不全是由理想的岩石构成，理论上说，地球上的山应该不会超过10000米的高度。虽然珠穆朗玛峰在板块的挤压作用下还在持续长高，但即使给它足够长的时间——比如等它一亿年，它也不可能长到王之涣所说的“万仞”高。

－小物：我在攀登珠穆朗玛峰时，当超过6000米海拔的雪线以后，就看到了一个白雪皑皑的世界，那里的雪好像取之不尽，用之不竭。我当时想，如果小诗在就好了，她不是最喜欢堆雪人吗，在那里一定可以堆一个世界上最大的雪人。

小诗：是啊，李白就写过“天山三丈雪”的句子，珠峰上的雪肯定比“天山”的厚。不过我听说世界上最大的雪球直径也只有3.2米。如果珠峰上的雪足够多，我能够滚出一个无限大的雪球吗？

＋小理：我又要说声抱歉了，不能，雪球的尺寸也是有上限的。和我们前面对山体的标度律②分析一样，雪球越大，其内部横截面单位面积受到的压力也就会越大，当超过了材料（冰雪）的受压极限强度，雪球就会散架。因此在滚雪球的过程中，我们需要不断将雪球压紧实，来增大它内部的抗压能力，才有可能滚出一个大大的雪球。但是雪球压得再紧

---

① 常见较硬的岩石密度ρ约为2.5 g/cm³，抗压强度P约为100 MPa，代入圆锥底面压强公式$P=\frac{\rho gh}{3}$可估算出，地球上岩石山体可能的最大高度h约为12000米。

② 在几何相似（都是球）的前提下，雪球的体积正比于直径D的三次方，质量也正比于D的三次方，而其横截面积正比于D的平方。因此在重力的作用下，其横截面单位面积上的压强P会正比于D（$P\propto D$），这是内部压强随尺寸变化的“标度律”。

实(比如内部都已经变成了冰)，它的抗压能力仍然是有上限的。所以很遗憾，即使有再多的雪，我们也滚不出一个无限大的雪球……

－小物：我的理解是，大山也好，雪球也好，好像都是等比例放大以后，去估算单位面积受到的压力，那么是不是所有三维物体都可以这么估算，都会受到标度律的约束呢？

＋小理：是的，标度律就是在几何相似的前提下去估算物理量随尺寸放大或缩小的变化关系。三维物体在等比例放大以后，都会面临压强超过材料抗压强度的问题，所以三维物体都不能无限制地等比例放大。比如，造船的工人都知道，把船等比例放大以后船身就会变得不结实，很有可能刚下水就断裂了。

小诗：中国的造船业很早就发展到世界领先水平，比如明朝著名的郑和下西洋事件，据《明史·郑和传》记载，郑和船队最大的宝船长四十四丈，宽十八丈，换算成现在的单位长约150米，宽约60米，是当时最大的海船。

＋小理：这艘宝船如果真的存在，应该也是历史上最大的木船，直到今天，人们仍然无法复制出这么大尺寸的木船。巧妙的设计能够在一定程度上提高横截面的抗压强度，但只要还是用木头造船，它的尺寸就一定会受到材料抗压强度的限制，更大尺寸的船(如当今世界上最大的船，长约488米，宽74米)，使用的一定是比木头抗压强度更大的材料——比如钢铁等金属材料。但不管使用什么材料，都存在屈服强度，船的尺寸也就一定有个上限。

小诗：大概只有诗人的想象力能突破物理意义上的“标度律”了……

－小物：按照这个逻辑，那我们生活中一切由具体材料构造的三维物体，都和这个标度律有关吗？

+小理： 那当然。比如同样是哺乳动物（假设它们的骨密度和体形差别不大），越大尺寸的动物，其身体单位截面受到的压力就越大，也就需要越粗的腿来支撑身体。所以，猫和老鼠的腿可以很细，而人的腿就需要比较粗了，到了大象这样大的尺寸，腿就只能长成柱子那么粗。至于比大象更大的哺乳动物——鲸鱼，干脆就不能在陆地上生存——因为已经无法用腿来支撑了，只能生活在海洋中靠水的浮力来支撑身体。

–小物： 我想起一则新闻，2022 年 4 月 19 日，一头抹香鲸在宁波海域搁浅，经过人们 20 多个小时的营救，最终回归大海，但几天后，这头抹香鲸还是死亡了。几乎可以肯定，这头鲸鱼在搁浅的时候由于失去了水中的浮力支撑，其内脏由于巨大的压力受伤了。

+小理： 没错，搁浅的鲸鱼不是渴死或者窒息死的，而是被自己的体重压死的。

–小物： 哇哦！物理真奇妙！看来减肥还是有必要的！

小诗： 生命在于运动，我们应该向小物学习，常去登山，通过运动减脂，减轻我们身体的压力。

第三章 此时无声胜有声

声学之韵

1 鸡声茅店月——声音的产生

小物的日记

鸡鸣即起的田园生活初体验

2022 年 10 月 22 日，晴，广西桂林龙胜各族自治县龙脊镇大寨村

抵达大寨村时，天已经完全黑了下来。枕着一缕缕稻香，我很快进入了梦乡。也不知睡了多久，隐约听到几声高亢的鸡叫，看看窗外，还是漆黑一片，摁亮手机屏幕，显示凌晨三点一刻。我吃了一惊：为什么这里的公鸡三点多就开始打鸣？

我确信自己不是在做梦，因为窗外越来越热闹，似乎全村的公鸡都加入了这场大合唱，此起彼伏，抑扬顿挫。睡意全无。凌晨三点的一场大合唱，就这样开启了我新鲜的田园生活体验……

小诗的回忆

鸡鸣不已的君子有节与奋发有为

在延续数千年的农业文明中，中国人心里的田园生活总是与两种声音难分难舍，或许那就是陶渊明所说的“狗吠深巷中，鸡鸣桑树颠”。

鸡鸣狗吠是中国田园生活中最具标识性的声音，鸡和狗也是最早被人类驯化的两种动物。“鸡犬之声相闻”是老子希望老百姓安居乐业的理想状态，孟子也以“鸡鸣狗吠相闻，而达乎四境”来描述国家安定、百姓安居的社会状态。

“日出而作，日入而息”是中国田园生活中最具代表性的时间观念。公鸡打鸣，似乎正是日出而作之前一天开始的标志，鸡鸣声，相当于唤醒古人早起的“闹钟”。

其实，从最早的诗歌总集《诗经》开始，“鸡鸣”已然成了报晓的代名词，《诗经·齐风·鸡鸣》讲述的就是一对夫妻之间饶有情趣的晨起私语。

故事还要从公鸡打鸣说起：

鸡既鸣矣，朝既盈矣。匪鸡则鸣，苍蝇之声。

东方明矣，朝既昌矣。匪东方则明，月出之光。

虫飞薨薨，甘与子同梦。会且归矣，无庶予子憎。

凌晨的时候，公鸡打鸣了，最先听到鸡鸣声的是妻子，她轻轻推醒还在熟睡的丈夫，说：“鸡既鸣矣，朝既盈矣。”你听，公鸡打鸣了，该起床去上早朝啦。估计这会儿上朝的大臣都已经到齐了。你可别迟到惹人笑话啊！

丈夫却很不情愿地哼哼着回答：“匪鸡则鸣，苍蝇之声。”你听错了，那不是公鸡打鸣，那是苍蝇嗡嗡嗡的声音呢。说完，他扯过被子蒙上头，翻了个身继续呼呼大睡。

过了一会儿，妻子实在忍不住了，又推了推丈夫，说："东方明矣，朝既昌矣。"你看看，东方已经大亮了，太阳快出来了，大臣们都已经齐聚一堂准备朝见君王了，你已经迟到了。

丈夫仍然赖在被子里，哼哼着说："匪东方则明，月出之光。"你看错啦，那不是太阳升起的光，那是月亮的光。

丈夫还要赖说："虫飞薨薨，甘与子同梦。"那不是鸡叫声，是虫子的声音。管它呢，我只愿意和你一同在梦里酣睡。

妻子无奈地叹了口气："会且归矣，无庶予子憎。"唉，朝会就要散了，大臣们都要回去了，你这个懒虫，快起来吧，别让人家憎恨你我啊！

这样一首全部由对话构成的诗篇，活脱脱呈现出一个勤劳明理的贤妻形象和一个懒惰耍赖的丈夫形象——他居然对鸡鸣即起的古训充耳不闻，也罔顾自己在朝堂上的身份与职责。"鸡鸣之助"由此特指妻子为贤内助。

在《诗经》的另一首诗《女曰鸡鸣》中，也描写了类似的场景：勤勉的妻子催促赖床的丈夫早起。诗中的妻子，语气既是坚决的，又是温和的；既是通情达理的，又是无可奈何的；既是忧心忡忡的，又是满含柔情的……两千多年前夫妻相处的这一幕场景，恍若邻家儿女的窃窃私语，在当今这个时代是不是依然并不罕见呢？

当然，像这样懒政的士大夫形象在中国古典诗词中其实并不多见，更多的中国人都是以凌晨的鸡鸣声为一天的开始，以此为动力鞭策自己奋发向上。著名的"闻鸡起舞"讲的就是祖逖的故事。祖逖年轻的时候，"中夜闻荒鸡鸣，蹴琨觉曰：'此非恶声也。'因起舞"。祖逖和刘琨是志同道合的好朋友，都将北伐中原、统一祖国作为毕生志向，祖逖每到半夜听到鸡叫声，就踢醒刘琨，说：这可不是令人讨厌的噪声！意思是这是催我们用功的声音。于是两人起床苦练武功。后来，祖逖和刘琨果然都成了北伐将领中的中流砥柱。“鸡鸣起舞”或“闻鸡起舞”此后便用来形容胸怀大志、及时奋发的豪壮气概。

一天之计在于晨，鸡鸣就是清晨的前奏曲，是催人奋起的天籁之声。晚唐诗人温庭筠的名句“鸡声茅店月，人迹板桥霜”描写的也是早行人的勤奋：月亮依然高悬夜空，可是在茅店中栖身的游子听到鸡鸣声准备继续赶路了，凝霜的板桥上留下了早行人踽踽独行的足迹……

1933 年，蔡元培亲手写下“风雨如晦，鸡鸣不已”八个大字，勉励在动乱的时代依然坚守节操与信仰的学者与学子们。这两句话同样出自《诗经》，在风雨交加、天色晦暗的凌晨，从未停止的雄鸡的啼鸣声穿透黑暗，响彻人间。汉代学者认为《诗经·郑风·风雨》一诗用“风雨如晦”隐喻风雨飘摇的黑暗年代，用“鸡鸣不已”比喻在动荡的年代里依然有着不改其节度的君子风骨。“鸡鸣不已”由此成了不惧黑暗、不畏风雨的君子气节的象征。

因为好男儿志在四方，后代诗篇中更多地出现了丈夫鸡鸣即起，留下妻子孤独幽怨的句子。如唐朝诗人李廓的《鸡鸣曲》：

星稀月没入五更，胶胶角角鸡初鸣……妇人上城乱招手，夫婿不闻遥哭声。长恨鸡鸣别时苦，不遣鸡栖近窗户。

“星稀月没入五更”，古人把一夜分为五更，每更两个小时左右，五更大约相当于现在的凌晨三点到五点。正如古语所云“三更灯火五更鸡”，或许正是凌晨三点左右，公鸡第一次打鸣，丈夫就起床准备出发了——这一次，丈夫是作为战士出征沙场。当公鸡第三轮鸣叫的时候，大军已经开拔出城。妻子登上城楼向着征夫远行的方向招手——其实在浩浩荡荡的军队中，她哪里能够辨得清谁是自己的丈夫呢？她那远征的丈夫又怎能听到她的哭泣声呢？诗中的女主人公甚至孩子气地想：早知道丈夫鸡鸣即起就要离开自己，让自己承受漫长的离别痛苦，还不如不要让鸡栖息于窗户近旁，应该把鸡赶得远远的啊！

另一位唐朝诗人崔涯的《杂嘲二首》（其二）中也有这样的句子："寒鸡鼓翼纱窗外，已觉恩情逐晓风。"凌晨刚刚听到鸡鼓动翅膀的声音，女子就已经预感到相处时的恩爱缱绻即将随晓风而散了……

千载以还，中夜的鸡鸣与千年前并无差别。在天地间众多的声音中，鸡鸣以其特有的时间观念与声音特质，成为田园生活的重要标志之一，也成为勤劳的中华民族努力奋斗、追求和平的象征之一。

鸡既鸣矣，你，准备好起床了吗？

鸡鸣不已，你，准备好迎接黎明了吗？

小理的客厅

今日沙龙话题：从鸡鸣聊到声音的产生

－小物：看来公鸡在凌晨三点就开始打鸣，并不是什么偶然现象呀。不过我还是觉得奇怪，农村的动物很多，为什么只有鸡叫声会成为报晓的"闹钟"呢？

＋小理：关于公鸡为什么一早就会打鸣的问题，还真有学者做过研究。名古屋大学的研究人员曾经把 40 只公鸡分成两组，然后将第一组公鸡置于 12 小时日光灯照射和 12 小时黑暗的环境中，基本上和日出、日落的时间相匹配，将第二组置于 24 小时黑暗的环境中。结果显示，第一组公鸡都是在亮灯前2个小时开始打鸣，也就是太阳快升起的时候；而第二组公鸡虽然刚开始时还能按规律在天亮前打鸣，但随着它们待在黑暗中的时间越久，打鸣的规律就变得越紊乱。[①]

小诗：看来，公鸡打鸣确实存在着一个生物钟——习惯在清晨打鸣。但是如果环境彻底发生变化，比如说，长期待在黑暗中，这些公鸡的生物钟就会发生紊乱。

-小物：可是早晨的时候我明明听到也有其他动物在叫，像狗啊猫啊，只是听得最清楚的还是鸡叫声，我就是被鸡叫声“闹”醒的。

+小理：这就要说到声音的大小了。声音的大小用分贝来表示。在人们的日常生活中，有各种各样的声音，正常强度范围为0至120分贝。如果声音低于40分贝，对我们是没有影响的；如果我们长时间处于40分贝到60分贝的环境中，神经系统就会受到影响。你们猜猜，公鸡打鸣能达到多少分贝？

-小物：我觉得起码有120分贝，这是正常强度范围的最高值嘛。

+小理：哈哈，这也是有实验证明的。研究人员把记录器装在3只公鸡头上，发现公鸡打鸣持续时间1～2秒，平均超过130分贝，这就好比你在15米远的地方听到飞机起飞的声音。其中一只公鸡的打鸣声达到惊人的143分贝，这就好比你站在一艘不断起降战机的航空母舰正中间。[②]

---

① Tsuyoshi Shimmura, Shosei Ohashi and Takashi Yoshimura, “The highest-ranking rooster has priority to announce the break of dawn,” *Scientific Reports* 5(2015):11683.

② Raf Claes, Pieter G. G. Muyshondt, Joris J. J. Dirckx, et al, “Do high sound pressure levels of crowing in roosters necessitate passive mechanisms for protection against self-vocalization?,” *Zoology* 126(Feb. 2018):65－70.

-小物：难怪公鸡打鸣的时候全身舒展延伸，脖子后仰，声音高亢明亮，极富穿透力。这么响亮的声音，就算你睡得再沉，肯定也会被叫醒的。

小诗：我还有一个问题。除了鸡鸣，描写自然界的声音的诗词很多，像屈原的“风飒飒兮木萧萧”（《山鬼》），写风飒飒的声音，以及树叶落下萧萧的声音；李白、杜甫用“萧萧”来形容马鸣叫的声音，例如“萧萧班马鸣”“车辚辚，马萧萧”；《诗经》更是一个动物声音的“博物馆”，“关关”的雎鸠鸟儿，“呦呦”的鹿鸣，“喓喓”的虫鸣……自然界的声音千变万化，这些声音到底是怎么产生的呢？

+小理：声音是由物体振动产生的，以波的形式通过介质向外传播。最初发出振动的物体叫声源。风雨的声音、动物鸣叫的声音，产生的原理都是这样。

-小物：那类似于鸡鸣和其他动物的叫声，应该都是由声带振动产生的吧，就像我们人一样。

+小理：是的，动物的叫声和人的声音产生的原理大同小异。这样吧，我画两张图来解释一下。

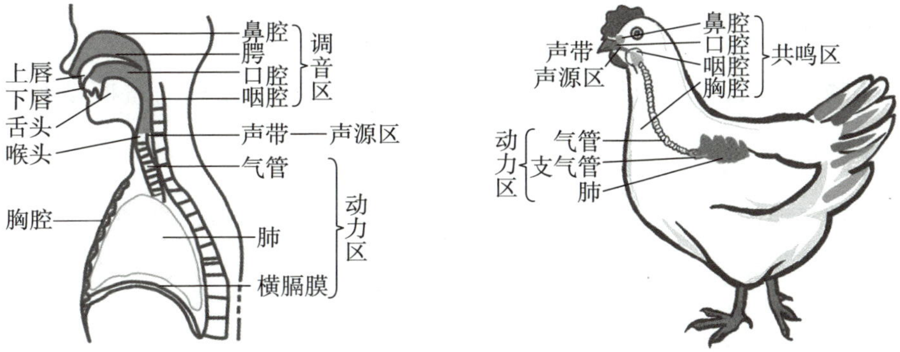

图 3.1-1　人的发声器官（左）和鸡的发声器官（右）

人的发声器官是长期进化后形成的，主要分为四个部分：第一部分是以肺、气管、支气管组成的呼吸系统构成发音的动力源，产生气流及声门下压力；第二部分是声带，这是振动系统，动力源气流作用于绷紧的声带（即声门），产生基础的声音；第三部分是由鼻腔、口腔、咽腔、胸腔等共鸣体构成的共鸣系统，调节某些频率声波的强度；第四部分是由唇、舌、腭等构音器官活动形成最终的声音。动物的发声器官通常只有前三个部分。

－小物：所以，人和动物的发声是有区别的。

＋小理：的确不一样。上面所说的第四部分构音器官是人类独有的，构音器官的活动受神经系统的调节，而且需要后天的学习与训练。

小诗：南唐时的谭峭说“气由声也，声由气也，气动则声发，声发则气振”，大概也是这个意思吧。

＋小理：对！人在发声时，根据想说的话会下意识地改变呼吸的时间、呼吸量、呼吸的速度等。处于平静状态时，我们呼吸是自然的生理反应；参加演讲、朗诵等活动时，为了持续完成长语句的表达，我们会下意识地增加呼吸的气体量进而完成动作。我们最大程度吸气后再尽力呼出的气体量，就是常说的肺活量。

－小物：哈哈，我最喜欢的运动是游泳，游泳对增强肺活量应该很有好处。

＋小理：游泳、跑步都可以锻炼我们的肺活量，可以帮助我们完成更大强度的发声活动。

小诗：汉字“聲”的本义是敲击磬发出的声音，你们看，“聲”字下面是“耳”，这是形旁，说明声音是由耳朵听到的，上面的“殸”是声旁，

“殸”其实是古乐器“磬”的本字。古人早就知道，通过敲打使磬发生振动，就能产生声音。

+小理：是的。自然界的一切声音都是由物体的振动产生的。只不过中国人更加注重从“气”的角度来解释声音的产生，中国的声学从某种程度上来说更偏于气体的声学。这跟西方的认知很不一样，比如说毕达哥拉斯学派认为声音是优美的数字的化身，还有人认为声音就是速度，像被迅速抛出去的铁饼一样飞驰的速度。中国人大概是从烹煮食物时产生香气受到启发，所以用“气”来解释声音的产生。①

小诗：对。古人说“天地之气合以生风”(《汉书》)，认为风雨雷电都是天和地各自产生的气混合形成的天然的音乐。《庄子》写风声的产生真是写绝了：“夫大块噫气，其名为风。是唯无作，作则万窍怒呺。”(《庄子·齐物论》)“大块”就是大地，大地吐气产生风，风不刮则已，一旦刮起来那可是满世界的孔穴都在狂呼怒号。

-小物：孔穴的大小、形状各不相同，所以风吹过的声音也是千变万化，这应该类似于气流通过不同的声道产生音色不同的人声吧？

+小理：正是这个道理。我们平时说只闻其声不见其人，不用见面，通过不同的音色就可以辨别不同的人了。

小诗：“鼓钟于宫，声闻于外”(《诗经·小雅·白华》)，看不到声源，却能辨识声音，也是这个意思。

-小物：那是不是只要物体振动，就一定会产生声音呢？

---

① 参阅李约瑟：《李约瑟中国科学技术史·第四卷 物理学及相关技术·第一分册 物理学》，陆学善、吴天、王冰译，科学出版社，2003，第127—129页。

+小理：不一定。声音的产生有两个必要条件：一是要有声源，也就是振动的物体；二是要有传播声音的介质，如空气等。一个在真空中振动的物体是不会发出任何声音的。

-小物：太有意思了。下次我们聚的时候再一起聊聊传播声音的介质吧。

2 但唤取、玉纤横笛——声音传播介质

小物的日记

笛音里的月明中秋

2022 年 9 月 10 日，晴，湖南长沙天心区

读大学的时候，我喜欢趁夜深人静到食堂去吹笛子，因为食堂比较空旷，“音响”效果好。后来参加工作了，变得忙碌，但每到中秋晚上，我还是会带上心爱的竹笛在江边吹上几曲。

《红楼梦》中有这样一个情节：“贾母因见月至中天，比先越发精彩可爱，因说：‘如此好月，不可不闻笛。’……‘音乐多了，反失雅致，只用吹笛的远远的吹起来就够了。’”可见，热闹得久了，偶尔回归安静还真是一件幸福的事。

小诗的回忆

一声吹裂——穿透彩云的悠悠笛声

笛子是迄今为止发现的最古老的汉族乐器。古人认为产生声音的“气”有三种来源：天、地以及人自身的呼吸之中。所以人将气息吹过竹管，就能产生美妙的声音，中国土地上常见的竹子也就成了最原始的乐器用材。《史记》说，黄帝曾派伶伦在昆溪砍伐竹子，“斩而作笛”，这样的笛子能够吹出类似于凤凰鸣叫的声音。许多浪漫的传说、美丽的诗篇都和笛子有关。竹子因其莹润光滑的质地，还常常被美称为“玉笛”，如李白诗“谁家玉笛暗飞声，散入春风满洛城”（《春夜洛城闻笛》），描写的便是随着春风飘扬的优美笛声。连宋代英雄词人辛弃疾在描写中秋笛声的时候也显得温柔起来。

满江红·中秋寄远

辛弃疾

快上西楼，怕天放、浮云遮月。但唤取、玉纤横笛，一声吹裂。谁做冰壶浮世界，最怜玉斧修时节。问常娥、孤冷有愁无，应华发。

云液满，琼杯滑。长袖起，清歌咽。叹十常八九，欲磨还缺。若得长圆如此夜，人情未必看承别。把从前、离恨总成欢，归时说。

“快上西楼，怕天放、浮云遮月。”劈头一个“快”字，真是典型的辛弃疾式的口气。好不容易盼来了中秋节，而且天公作美，没有下雨，辛弃疾迫切地想快快登上高楼赏月，可他又怕老天不解风情，“放”出浮云来遮蔽了月光。他一边大踏步快速登楼的同时，一边一迭声地催促家人：赶紧吹起笛子，把浮云都吹开，把月亮吹出来……

用笛子来吹散浮云、呼唤月亮可不是辛弃疾原创的浪漫，其实笛音和月亮的缘分在唐朝就已经结下了。传说有一年中秋，唐玄宗夜游月宫，仙子们演奏的仙乐让他如醉如痴。但是月宫毕竟太冷了，他只能默默记下仙乐的旋律，依依不舍地离开了月宫。回到人间以后，他想吹奏自己最擅长的玉笛，再现月宫中听到的仙乐。可是他去月宫的时候很匆忙，并没有随身携带玉笛。正在懊恼中，随行的一位道士说道："陛下您别急，玉笛马上就到。"道士立即施法，果然玉笛飘然而至。唐玄宗大喜接过，悠扬的笛声顿时穿透夜色，吹进了千家万户。百姓们都翘首张望：哪来这么美的笛声？是从月亮中飘下来的仙乐吗？

因为唐玄宗的这份浪漫，从此以后，吹笛闻笛就成了中国人过中秋的保留节目。

除了唐玄宗月下吹笛的故事，北宋初年一代名相晏殊的故事对辛弃疾这首词也有直接的影响。有一年中秋恰逢天阴，看不到月亮，一向喜欢呼朋引伴、赋诗饮酒为乐的宰相晏殊觉得这个中秋实在无聊，就郁郁寡欢地早早睡觉去了。到了深夜，他手下一个叫王君玉的人，觉得晏殊居然没有召集大家喝酒赏月，很是纳闷。这不像晏殊一贯的风格啊！难得一年才有一个中秋，居然没有"文艺晚会"，他很不甘心，就写了一首诗叫人递给晏殊，诗中有两句说："只在浮云最深处，试凭弦管一吹开。"

本来王君玉只是想把晏殊喊起来一起喝酒唱歌，别虚度了本该热闹团圆的中秋，可是他偏偏很风雅地说：先生您别失望啊，其实月亮早就出来了，只是暂时躲在浮云深处而已，只要您下令让乐工吹奏起美妙的音乐，浮云就会被吹散的，您就能欣赏到中秋的月色啦。

已经上床躺下的晏殊拿到这首诗后，深深为王君玉的奇思妙想和才情所打动，赶紧披衣起床，即刻召集厨师置办酒菜，召集乐队吹奏起流行的歌曲。到了半夜，居然真的守得云开见月明，于是大家畅饮通宵，尽欢而散。

“但唤取、玉纤横笛，一声吹裂。”辛弃疾的风雅浪漫绝不在晏殊之下。既然传说笛子的声音能够“穿云裂石”，既然北宋时的宰相晏殊亲身经历过吹散层层浮云，唤取明月照人的风雅之事，那么辛弃疾这样急切地盼望云开月出也就不难理解了。

“谁做冰壶浮世界，最怜玉斧修时节。”这里的冰壶可不是冬奥会上的冰壶运动项目。冰壶本指盛放冰块的玉壶，在古典诗词里往往作为月亮的代名词。因为中秋的夜空澄澈透明，一派晶莹清凉，所以辛弃疾才会发问：是谁巧夺天工，妙手创造了这个清凉透明的世界呢？传说月亮由七种珍稀的宝石组成，“常有八万二千户修之”，常有八万二千户手艺好的工匠用玉斧、凿子等工具进行修整打磨。“最怜”其实是最可爱的意思，词人对月色的赏爱之情真是呼之欲出。

云开月出，美人吹笛，月色澄明，秋意清凉，这应该是一个极其完美的中秋节了。

然而词人并不满足于此：“问常娥、孤冷有愁无，应华发。”由中秋月圆联想到嫦娥的孤独清冷，看似是很自然的联想。在古人的观念中，月亮自古就和嫦娥紧密联系在一起，有关羿和嫦娥的神话故事也是源远流长。据说羿从西王母那里求得长生不死之灵丹妙药，可是他的妻子嫦娥却偷偷吃掉仙药，飞到月亮上成了嫦娥仙子。

此刻，辛弃疾问嫦娥是否感到孤独凄冷。如果嫦娥也和他一样有情有义，那么日复一日地相思，应该也和他一样鬓添白发了吧。一句“应华发”拉近了凡人和神仙的距离，拉近了词人与嫦娥的距离，也拉近了人间情意与天上月色的距离。

寂寞是当然的。辛弃疾当然也想和别人一样热热闹闹、团团圆圆地过中秋。他命人排开乐队，摆上酒席，演起歌舞：“云液满，琼杯滑。长袖起，清歌咽。”他将杯中的美酒干掉又斟满，盛酒的玉杯光滑温润，美女的轻歌曼舞令人目眩神迷，这是宋朝人过中秋的方式，也是辛弃疾自己惯常过中秋的方式。可是今年中秋，他怎么觉得歌声显得那么忧伤悲咽呢？

原因很简单，今年中秋虽然月色分明，他所挂念的爱人却不在身边，人间的无奈其实月亮也是能够体会到的。“叹十常八九，欲磨还缺。”原来天上的月亮和人间的悲欢离合一样，也是不如意事常八九啊。即便有八万二千户手艺高明的工匠天天打磨，可月亮仍然是残缺的日子远远多过月圆的日子。在感叹月有阴晴圆缺之后，辛弃疾终于喊出了他最想对爱人说的一句话：“若得长圆如此夜，人情未必看承别。”“看承别”是别样看待的意思，他多想和思念的人像中秋的月亮一样，天天团圆，朝朝暮暮，人世间的感情未必总是聚少离多啊。

明知月亮不可能长圆，中秋每年也只有一天，可辛弃疾仍固执地祈求能够与相爱的人长相聚、长相守，这正是辛弃疾的痴情可爱之处。

“把从前、离恨总成欢，归时说。”爱情最怕的是心死，只要心不死，即便是分离两地也有再相聚的希望。因此辛弃疾在面对一轮圆月感慨月圆人不圆的同时，也将别离的幽怨转化为期待再聚的迫切心情。分离的这些日子里，那么多离情别恨他都要细细收集起来，等到他们再聚的时候，他要把这些离别的愁绪全部变成再见的欢乐，一一向爱人倾诉。这真是入骨三分的痴心与深情：按一般人的逻辑，分别得太久，在重逢的时候肯定要像竹筒倒豆子一样，将离情别绪向对方倾诉个够。辛弃疾却别出心裁，说等到相聚的时候，他要把别离的愁绪全部转化成欢乐的情绪。这其实说明，虽然他和相爱的人还在无奈的别离之中，却已在迫不及待、一心一意地向往甚至想象着相聚的快乐了。

每一个月圆之夜，你是否也在盼望着，笛声真的像传说的那样，伴“彩云追月”呢？

小理的客厅

今日沙龙话题： 笛声真的可以穿云裂石吗？

－**小物**：以前上学的时候，学校的荷花池边偶尔会有人吹笛子，好像笛子的声音真的可以传得比较远，尤其在非常安静的晚上，听起来特别有感觉。

＋**小理**：的确，在相同环境条件下，笛子的声音比人说话的声音传递的距离会更远一点。而且笛子的声音悦耳动听，在人耳接受度较为舒适的范围内，通常情况下，笛声在空气中的有效传播距离大概在几百米。

小诗：几百米？那李白说“谁家玉笛暗飞声，散入春风满洛城”，一个人吹笛子，满城都在听音乐会，看来只能是诗意的浪漫和夸张了。

＋**小理**：也不完全是夸张哦。一定范围内，风速会由地面向高空逐渐增加，在高处风速较大，在低处风速较小。声音顺风传播时，声速从地面向上逐渐增大，这样会形成高处高风速区向地面的声波折射，而地面又会反射声波，这样声波在地面、空气间来回折射和反射，使得声波集中在地面附近传播，可以传得很远。《荀子·劝学》中的“顺风而呼，声非加疾也，而闻者彰”，正是描述了这一现象，只不过，“顺风而呼”，声音的传播速度其实也是会“加疾”的。

－**小物**：可见古人的观察很细致，笛子的声音在空气中可以传播得比较远，但真的可以“穿云裂石”吗？

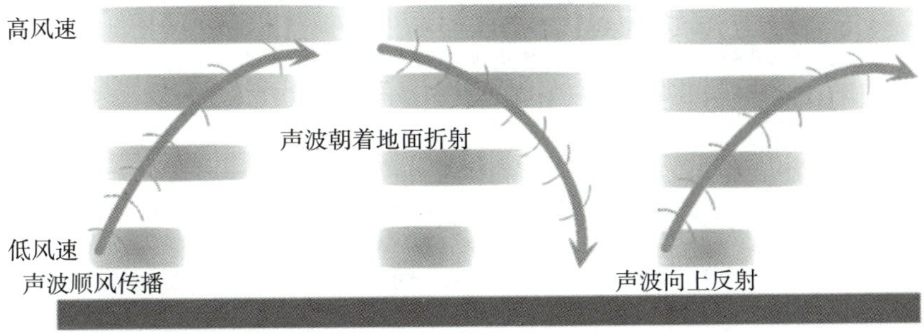

图 3.2－1　声波的传播

+小理：这只能说明诗人的想象超越了现实。声音可以传多远，取决于诸多因素。首先，声音传播的距离与声音的频率和振幅(响度)密切相关。声音在传播的过程中，能量会被传播介质吸收而损耗，气体中的损耗高于液体，液体中的损耗高于固体。声音能量吸收损耗随频率升高而增加，比如 1000 赫兹的声波在空气中传播 7 千米，空气吸收就损失了 90%的声波能量，这还不算声波扩散的能量损失；20 赫兹声波的能量大约传播 100 千米才被吸收 90%。

－小物：100 千米？可是人耳一般是听不到这么远的声音的。

+小理：是的，人耳能够感知到的声波频率通常在 20～20000 赫兹。比 20 赫兹更低频率的声音，人耳是听不到的，这种声音叫次声波。次声波的特点是频率低，波长长。0.01 赫兹的次声波，要绕地球一周才被吸收 90%的能量。而核爆炸所形成的次声波能够在大气环境中传播更远，甚至可以绕地球转几圈，人们可以根据接收到的核爆炸次声信号推算出核爆炸的能量。

－小物：刚才提到，声音的振幅也会影响声音传播的距离吗？

+小理：是的。振幅越大，能量越高，响度越大，声音传播的距离自然也就越远。正常人发出声音的频率为500~4000赫兹，响度为40~60分贝，如果没有障碍物，在空气中有效传播的距离大约是200米。

小诗： 那笛声的频率大约是多少赫兹呢？

+小理： 与正常人声相比，笛声的频率较低，一般在300~700赫兹，而且振幅较大，所以可以比正常人声传播得更远，但传播距离也就在几百米。而且即使将空气看成理想气体，声音的传播速度（声速）也会受到温度的影响，当笛声传播到高空，温度越来越低，声速也会越来越慢。所以，所谓"穿云裂石""唤醒月亮"，只能是诗人浪漫的想象。

-小物： 小理，你刚才说除了空气可以传播声音，液体和固体也可以，那在不同的介质中，声音是怎么传播的呢？

+小理： 声音以波的形式携带能量来传播，声波在不同介质中的传播速度是不一样的。固体硬度（弹性模量）最大，声波传播速度最快，液体硬度次之，而气体最小。

-小物： 我在电影中看到，人们将耳朵贴近铁轨，能更快听到火车靠近的声音，那是因为声音在钢材中传播的速度要比在空气中更快吗？

+小理： 对。介质的硬度越大，声速也就越快。声速在空气中可达340米/秒，而在固体中要快得多。比如最坚硬的物质之一金刚石，声音在其中的传播速度能够达到18000米/秒，大约是空气中声音传播速度的53倍。不仅如此，声速还与介质的密度相关，在介质硬度相当的情况下，密度越大，声速就会越慢。但是，无论是响亮的声音还是柔和的声音，高音或低音，实际上对其传播速度没有影响，也就是振幅和频率对声音传播速度没有影响。

小诗：《墨子》中有一个关于"听地器"的记载：敌人如果要通过挖地道

等方法来攻城，守城的一方就可以通过“听地器”来判断敌人攻城的方向和进度。所谓“听地器”，就是将一定大小、形状的陶罐埋到井水里，仔细听其声音的变化来判断敌人的行动。这是不是就是利用了声音在水里的传播速度更快、传播距离更远的原理？

+小理：对。古人真的充满智慧，这就是通过对不同声音传播介质的谛听，来更为准确地判断敌军的行动。

-小物：当声音在固体或液体中传播时，是不是有一个速度极限？

+小理：剑桥大学、伦敦大学玛丽女王学院、特洛伊茨克高压物理研究所的科学家们，发现宇宙中声音的传播速度上限大约为 36000 米/秒，这相当于金刚石中声音传播速度的 2 倍，空气中声音传播速度的 105 倍，约为真空中光速的 1/8000。①

小诗：虽然小理打破了我对笛声穿云裂石的浪漫想象，但是今天了解了这么多关于声音的知识，我还是很开心。小物，你是不是吹一曲笛子，来犒劳一下咱们的物理学家呀？

-小物：笑着点点头，然后吹起了笛子……

---

① K. Trachenko, B. Monserrat, C. J. Pickard, et al, “Speed of sound from fundamental physical constants,” *Science Advances* 6, no. 41(Oct. 2020):eabc8662.

3 但闻人语响——声波的传播过程

小物的日记

重读《小王子》——孤独是因为还没有遇见

2015 年 11 月 1 日，晴，湖南长沙天心区

小王子几经周折来到了地球上，他穿过没有人烟的沙漠，爬上了一座很高的山……

“你好——”他抱着碰碰运气的心理喊了一声。

“你好——你好——你好——”回答他的只有山谷的回声。

…… ……

“请你做我的朋友吧——我很孤单——”他又喊道。

“我很孤单——我很孤单——我很孤单——”回答他的依然只有回声。

重读《小王子》，掩卷之余，山谷的回声似乎还在我耳边回响。

小诗的回忆

空山人语——回声里有你最美的遇见和领悟

有的回声，是孤独的注脚；

有的回声，是遇见的惊喜；

有的回声，是求索的领悟。

唐代诗人王维中年以后选择隐居终南山。大多数时候，他是孤独的，“兴来每独往，胜事空自知”(《终南别业》)，暂时告别了前呼后拥的热闹，任何时候，只要兴致一来，他就能独自信步走在山路上。虽然优美的风景、怡然的心情，都没有人能分享，但他毫不在意。因为在他眼里，山山水水和他都是心意相通的：他能欣赏山水的自然神态，山水也懂得他的心无挂碍。

一个人的时候也好，“行到水穷处，坐看云起时”，山水是随性的，人也是随意的。

有朋友来访也好，他们可以一起“弹琴赋诗，啸咏终日”，主人是随便的，朋友也是自在的。

在终南山隐居的日子里，王维写过一首很有名的《鹿柴》：

空山不见人，但闻人语响。

返景入深林，复照青苔上。

这是一首著名的关于“回声”的诗。深山里没有人的踪迹，幽静中只有若有若无的说话声，几缕夕阳透过浓密的树叶照在青苔上，那一抹光亮与深山老林的幽暗形成了光与影的对比，简直是诗中画、画中诗的完美写照。

在这首诗里，树林、青苔、阳光，以及辨不清方向的人语，都是王维心灵世界里最亲密的朋友。直到现在，如果你去终南山，寻访当年王维到过的鹿柴，当地人会告诉你，那个地方还有一个俗称：哑呼崖沟。这是一个造型奇特的山谷，东西狭长，两端收束，山谷内却很开阔，其地形正适合圈养麋鹿：只要在东西两端的开口各设一栅栏，鹿群就不会跑掉，猛兽也进不来。“柴”通“寨”，也就是栅栏的意思。

哑呼崖沟中古木成荫，却无法居住，只在山梁上有一古村落，据说唐代就已经有人居住在此，村民在山上说话，传到沟谷里的回声是可以被听到的。当地至今还流传着唐以来的一个传说：因为这里是养鹿的地方，他们从山上的村子里请了一个哑巴来专门看管鹿群。一天，一只大老虎来了，哑巴大吃一惊，情急之下居然大吼一声——要知道，此前哑巴是从来没有发过声的！

哑巴的吼声在山谷里回荡，仿佛有了“四面楚歌”的威力，那只原本气势汹汹的老虎居然被吓跑了！

从此以后，“鹿柴”就被称为哑呼崖沟，而山上的那个村庄也因此得名哑呼崖村，并且这个称呼一直传到了今天。

由此可见，王维在终南山的隐居，并不是完全的离群索居。因为，哑呼崖沟的鹿群是他的朋友，哑呼崖村的村民也是他在山路上随时可能邂逅的乡亲。他还有一个相交数十年的好友裴迪，在终南山与他来往密切，裴迪也写过一首《鹿柴》，来呼应王维的这份宁静与悠然：

日夕见寒山，便为独往客。
不知深林事，但有麏麚迹。

王维说“空山不见人”，裴迪就说“但有麏麚迹”。在这样一个人迹罕至、鹿迹遍地的地方，空旷的寒山，幽静的深林，自在的独往客，光与影的交错，构成了人与自然、人与人的和谐关系。

独居的王维，又何曾孤独过？在山林深处，让王维欢喜的相遇，并不是住在终南山豪华别墅里的王公贵族，亦不是等待着不鸣则已一鸣惊人的假隐士，而是像裴迪这样心有灵犀的知己，还有那些普通的甚至可能连名字都不知道的山林野老，也正因为这样的山林野老和王维的常规社交圈毫无交集，王维才会百无禁忌地和他们随意谈天说笑，开心得甚至忘了回家的时间……

“空山不见人，但闻人语响。”山谷里回荡着的声音，其实不仅是山上村民的说话声，更是诗人在幽静中听到的自己内心的回响。

或许，最美的遇见，并不是我偶然遇见了你，而是我与内心中深藏的那个自己猝然相遇吧。

王维的《偶然作》(其三)中还写到过一种回声：“孙登长啸台，松竹有遗处。”这首诗用到了西晋隐士孙登与竹林七贤之一阮籍的典故。孙登博学多才，隐居于共城(今河南辉县)苏门山中，每日读书抚琴，最擅长的才艺是长啸。据说孙登每次长啸的时候，山林回响，百鸟云集。阮籍想去向孙登问学求教，但他在孙登面前谈了很多问题，孙登都没有回他一句话，阮籍只好“长啸而退”。当阮籍走到半山腰的时候，忽然听到山谷中回荡起“鸾凤之声”，变幻莫测，经久不绝——原来是孙登在用长啸回应阮籍。阮籍顿时大彻大悟，回去之后就写下了著名的哲学论文《大人先生传》。

在中国传统文化的语境中，空谷回声，不仅是人世间的温暖陪伴，更是传递天道真理的玄妙之音。正如《尚书》所云：“惠迪吉，从逆凶，惟影响。”这就是说，顺应天理而行则吉，逆天而行则凶。

吉凶之于善恶，就好比形体与影子的关系，也好比声音与回响的关系。形影、声响的主客关系甚至上升到了“道”的层面。《庄子·在宥》中说：“大人之教，若形之于影，声之于响。有问而应之，尽其所怀，为天下配。”得天道的人对别人的教育感化，就像是形体对影子，声音对回响一样，凡是有问道的都能向他毫无保留地和盘托出，这样才能达到与天下人和谐相处的境界。

看来，回响之于声源，如同影子之于形体，既是一种不离不弃的相守，亦是倾心相付的彼此成就。

小理的客厅

今日沙龙话题：声波的传播会经历哪些奇遇？

-小物：为什么我们在山中会更容易听到回声呢？比如我们在高山上或者山谷中大声呼喊，比如在桂林漓江游船上听船夫唱山歌，回声共鸣非常明显，当地的船夫都说漓江两岸的山峰就是回音壁。

小诗：是的，古人也注意到这一点了。《释文》中引司马云：“呼于一山，一山皆应，是山犹有口也。”山中能听到应和的回声，好像是山也像人一样有口可以呼喊。苏辙写过一首诗《和毛国镇白云庄五咏·平溪堂》，其中有两句说：“花漂涧谷来应远，石激琴筝久未休。”意思是，溪水中漂来花瓣就知道它是从远远的涧谷中流出来的，水流冲击着岩石发出如琴筝般的声音，在山中久久回响。

+小理：这就是声音传播的反射与折射。当声波在传输过程中遇到障碍物，一部分会发生反射，一部分会发生折射，然后在障碍物中继续传播。在空旷的山谷中大喊能听到回声，是由于喊声被山壁反射再次进入耳中。

-小物：是不是所有声音的反射都可以听到回声呢？

+小理：从原理上来说，声音反射都会产生回声。但当原声和回声的时间间隔在0.1秒以上，人耳才可以分辨出来。声音在空气中的传播速度约为340米/秒，要想分辨出反射回来的声音，人与山壁的距离至少需要有17米。因此，在比较大的室内环境中，比如礼堂、剧院、音乐厅等，如果没有进行特殊结构设计，大声呼喊的话，会产生人耳可以听到的回音，也就是混响的音效。

-小物：如果礼堂、剧院、音乐厅等可以产生回声，那就会对会议、音乐表演等产生影响。

+小理：理论上来说是这样。我们可以在进行结构设计时，利用声学原理消除混响。比如在四周墙壁上设计建造许多凹凸不平或蜂窝状的小孔，或者在建筑内壁(墙壁、天花板、地板)使用粗糙柔软的吸声材质，它们可以吸收声波，减弱回声，消除混响。所以，建筑设计人员不仅需要懂设计，还需要懂声学原理。

小诗：“姑苏城外寒山寺，夜半钟声到客船。”《枫桥夜泊》是我特别喜欢的一首唐诗，其中的夜半钟声还引起过古人的争论。在枫桥能够听到寒山寺的钟声，这其中是否也蕴含着声音传播的反射、折射原理？

+小理：“夜半钟声到客船”既蕴含了声音的反射原理，也透露了声音的折射原理。首先，钟声发出后，会被树木、地面和水面等障碍物反射，经过多次反射后的声波与直接传播的声波被人听到，会产生一种混响(回音)，钟声在静谧的夜里就显得更加透亮。另外，声波在不同的介质中传播，在界面处会发生折射，它与声速密切相关。如果空气温度升高，声速增大；空气温度降低，声速会减小。当发生折射时，声波的传播方向总是会向声速小的方向弯曲。白天，地面受到阳光照射，近地面空气温度升高，地面的声音会向天上折射。日落之后的夜晚，地面变冷，近地面的空气的温度低于高处的空气温度，地面发出的声音更容易从高处的空气层折射回来。所以，白天，声音在地面传播的距离较短；夜间，声音在地面能传播较远。

-小物：张继夜泊枫桥的时候应该正是深秋，苏州的深秋气温比较低，声音的传播应该也会受到一些影响吧？

+小理：确实是这样。根据我国的气候特点，秋天昼夜温差大，秋季夜里声音的折射作用较明显，故夜半时分，诗人泊船岸边，能听到远处城外的钟声。同理，夏季的白天，由于强烈的太阳辐射，地表温度急剧上升，与高空的低温形成强烈的反差，引起明显的向上折射作用，把较近处的声音也带离了耳边。所以，夏天，尤其是在白天，常常有一种安静无声的感觉。

-小物：既然回声是由声音的反射导致的，那么在封闭房间中发出的声音，门外的人也能听到，这又是什么原因呢？

+小理：这就与声波遇到障碍物发生折射、透射有关了。透射是指入射波在折射的基础上，有一部分声波穿过介质边界继续传播而方向不变，透射伴随折射发生。如果将耳朵贴在墙壁上，就可以更加清楚地听到隔壁房间的声音，所谓隔墙有耳就是这个道理。

-小物：我懂了。房间的墙壁和门窗等障碍物都可以作为声音折射后传播的介质，声音到达室外的空气又发生了折射，继续在室外传播。声波经过多次反射、折射、透射及吸收，能量损失比无障碍物时大得多，所以，在房间外听到的声音会比房间内小很多。

小诗：苏轼的《蝶恋花》有几句很浪漫："墙里秋千墙外道，墙外行人，墙里佳人笑。"行人在墙外听到墙里女孩子们荡秋千的笑声，引起无限联想。虽然墙里墙外并不是密闭的空间，但佳人的笑声传到外面应该也是经过了多次反射、折射和透射的。

+小理：苏轼这首词还体现出声波的衍射效果，即声音可以绕过障碍物，改变传播方向。墙里佳人的笑声绕过高墙，传到了墙外行人的耳朵里。不光是声波具有衍射现象，所有的波，比如电磁波，都能发生衍射。

-小物：看来，声音的反射、折射、透射和衍射原理在我们的生活中无处不在啊，它不仅让我们的生活充满诗意，应该也有实际的应用价值吧？

+小理：那当然！比如我们去体检，医学B超和彩超检测就利用了这些原理：监测仪器向人体发射超声波，同时接收体内脏器反射波及其携带的信息，就可准确获得人体内部相关信息。再比如海洋测量时使用的声呐：根据回声定位原理，利用声呐系统，可以探测海洋深度、海底地形特征以及相关军事目标等。

小诗：我还有一个问题。古人注意到不同乐器产生的回声效果是不一样的，比如说“金先于石，余响较多”(《续诗品·结响》)。在八音[①]中，金之所以排在石之前，是因为它回响有余韵。这是什么原因呢？

+小理：在汉代以前，“金”可以指代任何金属及金属制品。金属材料有着良好的声学性能和音响效果。中国古代最典型的金属乐器要数编钟，蜚声中外的曾侯乙编钟就是用青铜制成的。这是因为，首先，表面光滑的金属材料对声音的吸收很少，吸收率基本在3%以下，因此金属乐器发出的声音不易衰减，发出的乐音更加悠扬。其次，金属容易加工出声音的共鸣腔，声音在管腔中形成反射和共振，从而放大乐器的声

---

① 八音：金、石、土、革、丝、木、匏、竹八种不同材质制成的乐器。

音，使乐器发出的声音更加持久，也就是所说的“余响较多”。

小诗： 明白了。所以古人对于乐器的搭配很有讲究，也是为了让乐声的传播更为和谐。“余音绕梁，三日不绝”，不仅能形容歌声的动听，也能形容乐声的美妙。

4 飞上九天歌一曲——声音的主客观评价

小物的日记

从你的歌声里听见雪落下的声音

2021 年 12 月 26 日，雪，湖南长沙天心区

吃过晚饭后，文博提议："现在还早，要不去对面的 KTV 唱歌？"我笑着看他："你确定你唱的是歌？别人唱歌或许只有几个音会跑调，你是碰运气能有几个音勉强唱到调上。"文博挥手："那就不折磨你的耳朵了。咱们去学校操场赏雪吧，顺便吼两嗓子过过瘾。"

校园里早已沸腾，飞雪中追逐的身影和笑闹声，已经将这个风雪夜渲染得"热气腾腾"。飘扬的大雪很快也裹挟了我们不着调的"吼声"，那一刻，我们仿佛都回到了激情燃烧的大学时代。

小诗的回忆

偶学念奴声调——每一首歌都只为知音而唱

听见雪落下的声音，听见风雪里飘来你唱的歌，听见你的歌声里藏着的期待。这样的“听见”，意味着什么？

意味着听者与你心有灵犀，意味着听者与你同频共振，意味着听者在你的歌声里听到了自己的心跳。就像北宋词人晏殊的那首《山亭柳·赠歌者》：

家住西秦，赌博艺随身。花柳上，斗尖新。偶学念奴声调，有时高遏行云。蜀锦缠头无数，不负辛勤。

数年来往咸京道，残杯冷炙谩消魂。衷肠事、托何人。若有知音见采，不辞遍唱阳春。一曲当筵落泪，重掩罗巾。

晏殊，作为曾经提拔过范仲淹、欧阳修等一代文豪、名臣的著名宰相兼著名词人，生命中也曾有过失意偃蹇的时候。庆历四年(1044)九月，晏殊被人弹劾罢相，以工部尚书的身份知颍州(今安徽阜阳)，几年后迁户部尚书，以观文殿大学士知永兴军。一天，晏殊在宴席上听到一个陕西歌女的演唱，感慨万千，写下了这首《山亭柳·赠歌者》。

这首词表面上写的是这位歌女的命运：她家住在陕西，此地春秋战国时属秦国，地处西陲，故曰“西秦”。西安是汉唐都城，曾是歌坛中心，许多天下闻名的歌者在这里汇聚一堂，汉代的李延年、唐代的李龟年都曾经名动天下。赌博在这里并不是一个贬义词，而是指古代酒宴上经常玩的掷采比输赢的游戏，“赌博艺随身”其实是说这位歌女精通多种艺术技能、游戏技能，堪称多才多艺。当然，女孩子最爱唱的歌多半是抒情歌曲，但这位陕西歌女却能跳脱出陈词滥调的牢笼，“花柳上，斗尖新”，以歌词之尖巧创新和唱功之出类拔萃从众多歌女中脱颖而出，鹤立鸡群。她的歌声甚至堪与盛唐第一歌女念奴相媲美：“偶学念奴声调，有时高遏行云。”念奴是唐玄宗钟爱的著名歌女，她的歌技曾被赞誉为“宫伎中第一”，而且长得很美，尤其是唱歌的时候眼波如水，楚楚动人，唐玄宗曾夸过她的美貌：“此女妖丽，眼色媚人。”（《开元天宝遗事》）如此才貌双全，也难怪她“未尝一日离帝左右”，皇帝简直是一天都离不开她。

那么，念奴的歌声到底有什么魅力呢？其实，她就是盛唐时期的“铁肺”女歌手，肺活量大，声线高亢，能飙高音，“每啭声歌喉，则声出于朝霞之上”，连钟鼓笙竽这样洪亮的乐器都压不过她的歌声。

一次，宫中举行宴会，人声鼎沸，唐玄宗命念奴唱歌，由邠王二十五郎吹小管笛伴奏，实际上是使笛子的声音与歌声抗衡，但仍无法掩盖住念奴嘹亮的声音。这一精彩的艺术表演被元稹记录在《连昌宫词》中：“春娇满眼睡红绡，掠削云鬟旋装束。飞上九天歌一声，二十五郎吹管逐。”苏轼举世闻名的“大江东去，浪淘尽，千古风流人物”，其词牌名“念奴娇”相传就来自歌女念奴。

在晏殊笔下，这位无名的陕西歌女与唐代著名歌女念奴相比似乎毫不逊色，如此才貌双全的歌女自然赢得无数人的追捧：“蜀锦缠头无数，不负辛勤。”“蜀锦”指蜀地出产的织锦，“缠头”原指伎以丝织品缠绕头部，后来代指赏赐给艺人的礼品或礼金。

但竞争是残酷的，红颜也是会衰老的，昔日繁华很快就成了过眼云烟。

“数年来往咸京道，残杯冷炙谩消魂。”下片由此转入了歌女盛极而衰之后的命运倾诉。咸是秦朝的都城咸阳，京指长安，是汉唐故都。陕西歌女自述数年之间为了生计而辗转奔波，哪里热闹就赶到哪里卖艺献唱，个中艰辛实在是如人饮水，冷暖自知。如今的她，已尝尽世态炎凉，多年艰辛只换得徒然的伤心而已。“衷肠事、托何人”，一个弱女子的残败年华又能向谁托付呢？

“若有知音见采，不辞遍唱阳春。”她只是一个身份卑微的歌女，如果她的这番心曲能有知音相怜相惜，她甚至心甘情愿“遍唱阳春”，为她的知音侑酒助兴。

《阳春》即《阳春》《白雪》，相传是古代楚国的高雅歌曲。战国时期的文学家宋玉曾经对楚王说过一段话：有一位歌者，在楚国郢中唱起《下里》《巴人》的时候，好几千人都跟着唱；唱《阳春》《白雪》的时候，城里能够听懂并且跟着和唱的不过几十人而已。因为这个故事，此后阳春白雪和下里巴人就分别成了雅和俗的代名词。

也许，这位迟暮的陕西歌女真正想说的是：她正当红的时候，为了赢得更多的追捧，挣更多的钱，唱过许多容易被人接受的“下里巴人”之曲；而当她红颜消退，看尽世态冷暖之后，才终于明白，只有“知音”才是真正值得珍惜的。她终于醒悟，为了知音，她宁可放弃大多数人都听得懂的下里巴人，而选择只有极少数人能理解的阳春白雪。

因为，哪怕只有一个人，能真正懂你，能够与你相知相惜，是多少钱也换不回来的财富。“易求无价宝，难得有心郎”，这才真是古代女子“多么痛的领悟”吧。

“若有知音见采，不辞遍唱阳春。一曲当筵落泪，重掩罗巾。”歌女的倾诉至此，已是泪湿鲛绡，泣不成声，晏殊也被深深触动。

晏殊的这阕《山亭柳》其实和白居易写《琵琶行》的动机有相似之处：偶然邂逅的歌女或琵琶女，她们的身世激发了诗人的同情——这里的同情并非简单地对于弱者的怜悯，更是“情同此心”的意思。也就是说，晏殊和白居易一样，都是从对方的身世命运中，看到了自己的命运，尤其是从中看到了仕途浮沉的无奈与悲凉，从而产生了同病相怜的知己之情。

“同是天涯沦落人，相逢何必曾相识”，这样看来，晏殊这阕《山亭柳》堪称宋词版的《琵琶行》了。

是的，因为你曾经的“偶学念奴声调，有时高遏行云”而高声喝彩，也因为你如今的“若有知音见采，不辞遍唱阳春”而泪流满面。

即使你歌声不再，朱颜不再，你还是我心里的那个你。

最美的声音，其实不过是传递着你的悲伤，联结着我的懂得。

小理的客厅

今日沙龙话题：噪声仅仅跟分贝有关吗？

－小物：按照古人的描述，“声出朝霞之上”，能够盖过钟鼓笙竽这几种乐器的声音，念奴的歌声得有多少分贝呢！可是为什么人们会觉得念奴的声音是百听不厌的美妙歌声，而同等响度的某些声音却会被视为噪声呢？为什么一个跑调的人唱歌，尽管响度未必很大，也会被人认为是噪声？半夜 KTV 传出来的歌声也会被认为是噪声而遭到投诉，这是什么原因呢？

＋小理：干扰人们正常休息、学习、工作及相关活动的声音，或者说不被需要的声音都是噪声。根据我国有关规定，居民居住的地方应当严格控制噪声水平，白天不能超过 55 分贝，夜间应低于 45 分贝。理想的安静环境中的声音为 30～40 分贝，音量超过 70 分贝就可能影响人们的正常交流。长期生活在音量超过 90 分贝的环境中可能损伤听觉功能，甚至可能患上神经衰弱、头痛、高血压等慢性疾病。此外，当人们被迫接触超过150分贝的音量时，就可能造成鼓膜损伤，甚至丧失听觉能力。半夜KTV传出来的歌声、一个跑调的人唱的歌等都干扰了人们休息、学习、工作等，因而被认为是噪声。

表1 城市5类环境噪声标准值①

类别	昼间	夜间	适用区域
0类	50分贝	40分贝	疗养区、高级别墅区、高级宾馆区等特别需要安静的区域
1类	55分贝	45分贝	以居住、文教机关为主的区域。乡村居住环境可参照执行该类标准
2类	60分贝	50分贝	居住、商业、工业混杂区
3类	65分贝	55分贝	工业区
4类	70分贝	55分贝	城市中的道路交通干线道路两侧区域，穿越城区的内河航道两侧区域。穿越城区的铁路主、次干线两侧区域的背景噪声(指不通过列车时的噪声水平)限值也执行该类标准

小诗：古人写歌声的诗很多，如王昌龄的“乱入池中看不见，闻歌始觉有人来”(《采莲曲》)，刘禹锡也写过“杨柳青青江水平，闻郎江上唱歌声”(《竹枝词》)，李白的《赠汪伦》就更有名了，“李白乘舟将欲行，忽闻岸上踏歌声”，这些诗句描写的都是远远传来的歌声，分贝肯定都不低，可是人们只会觉得这样的歌声无比动听。

–小物：对呀，通过人耳的“主观感受”，我们可以感知声音的四个要

① 《中华人民共和国城市区域环境噪声标准》

素：音调、响度、音色以及音长。这些要素如何影响我们的听觉体验？

+小理："音调"是人耳可分辨的声音高低，也就是说，声音是尖利还是低沉，由音波振动的频率决定。频率高，则声音高且细，或声音尖且清脆；频率低，则声音听来低而粗。刚才小诗提到的"闻歌始觉有人来"，描述的是一个性格鲜明、声音洪亮、声调优美的"高频音"女性，而"闻郎江上唱歌声"则是一个"低频音"男性。

小诗："忽闻岸上踏歌声"有可能是男女合唱，那响度相对来说比较强吗？

+小理：应该是。响度，亦称音量或声量，是人耳对声音大小的量度，它不仅取决于声音的振幅，还取决于声源与听众之间的距离，反映出声音的强弱程度。对于同一振幅的声音，距离越近，听起来就越响。所以"忽闻岸上踏歌声"还可能有距离由远及近的位移，李白听到的歌声应该是越来越响，越来越清晰。

–小物：那么音色又怎么理解呢？采莲女的声音比较高，"闻郎江上唱歌声"的声音比较低，男声和女声的音色应该不一样啊。

+小理：当然不同。音色，单从字面来看，可以理解为"声音的特色"，又称音品，反映了每个物体所发出声音的特有品质。不仅男声女声音色不同，即便都是女声，个体之间音色也是不一样的。不同的乐器音色就更加丰富多彩了。

小诗：当我们演奏《梁祝》的时候，小提琴、长笛和二胡的旋律是完全一致的，但是声音却有所不同，其实就是指音色不一样吧。

+小理：对。声音还有一个重要元素——音长，也就是听感上声音持续时间的长短。长音、短音、带有附点的切分音，它们的表现力各有不同。

－小物：音乐的魅力在于能够让人们通过听觉感受到音调、响度、音色和音长这四个要素。可以这样说，一个又一个优秀的音乐作品，其实都是在音乐家们的神奇构思下，用妙手将这四个要素组合交织到一块儿的。

＋小理：音乐本质上是一种表达情感的艺术，歌曲的旋律宜充满活力，有变化和发展。念奴的歌声动人，不仅仅是因为她的音质，更是因为她的演唱具有优美的旋律和表现了丰富的内容，所以人们才会觉得那是美妙的音乐。

小诗：是的，晏殊的词里说“若有知音见采，不辞遍唱阳春”，其实知音相惜的情感就是这一次演唱的情感内容，“阳春”同时又是优美旋律的代名词，这就是旋律和内容的完美结合了。

＋小理：纸上谈兵了这么多，不如请你们一起听听我刚入手的45转黑胶唱片《贝多芬：序曲四首》？

小物、小诗：我们今天又可以大饱耳福啦！

5 疾驰如奔风——声音的多普勒效应

小物的日记

每一次离别都是为了更好的相聚

2022 年 5 月 18 日，小雨，湖南岳阳

站在月台上，听到高亢的汽笛声仿佛从很远的地方响起，一瞬间震耳欲聋的声音划过车站，然后又渐渐消失在远方。

耳畔的汽笛声还在萦绕，又一声汽笛拉响，列车缓缓停在眼前，我和友人拥抱告别，挥手说再见……汽笛声再一次远去，我在站台上等着自己的那趟列车，突然就觉得有些孤单。

“昔我往矣，杨柳依依。今我来思，雨雪霏霏。”(《诗经·采薇》)人总是在盼望朝朝暮暮的相守，却也总是免不了经历离别。

中国文化的基因主要来自农耕文明，安土重迁、不愿背井离乡是农耕人的一种基本情感。但为了功名，为了事业，为了种种可知与不可知的原因，离开家乡远游却也是中国人的一种常态，于是居与游之间产生了一种永恒的矛盾。多少人在年少时为了更高的人生目标而选择远游，又有多少人在漫长的旅途中不可遏制地思念着远方的家与亲人，并且渴望着终有一天能安居。从《诗经》时代的“死生契阔，与子成说。执子之手，与子偕老”，到汉代《古诗十九首》里的“行行重行行，与君生别离”，再到唐诗宋词吟唱的游子情怀，“多情自古伤离别”，都是中国古典诗歌里漫溢的感伤情调。

古人远游主要的出行方式是走水路或陆路，对应的交通工具通常是船或车马。“故园东望路漫漫，双袖龙钟泪不干。马上相逢无纸笔，凭君传语报平安”(岑参《逢入京使》)，这是一位戎马倥偬的军人远戍边关时对家人的爱和思念；“过尽千帆皆不是，斜晖脉脉水悠悠”(温庭筠《梦江南》)，这是一位闺中思妇对远行夫君的牵挂与守望。“相见时难别亦难”，送别与相思是中国古典诗歌中最常见的题材之一，于是船与马亦成为有关远游与相聚的最重要的意象。船，漂流着悠悠的慢旋律；马，则驰骋出哒哒的快节奏。因此，似乎在对爱情的翘望中，总有着船行悠悠的漫长考验，如“想佳人、妆楼颙望，误几回、天际识归舟”(柳永《八声甘州》)。而在对事业的期许中，更多的是骏马奔驰的追梦激情，如“扬鞭走马城南陌，朝逢驿使秦川客”（崔颢《渭城少年行》），甚至是驰骋边关保家卫国的慷慨志气，如“百战沙场汗流血，梦魂犹在玉门关”（唐彦谦《咏马》）。

北宋一代名臣、大文豪欧阳修就曾写下一首《有马示徐无党》，来表达对弟子徐无党的殷殷厚望：

吾有千里马，毛骨何萧森。
疾驰如奔风，白日无留阴。
徐驱当大道，步骤中五音。
马虽有四足，迟速在吾心。
六辔应吾手，调和如瑟琴。
东西与南北，高下山与林。
惟意所欲适，九州可周寻。
至哉人与马，两乐不相侵。
伯乐识其外，徒知价千金。
王良得其性，此术固已深。
良马须善驭，吾言可为箴。

徐无党颇得老师欧阳修的真传，高中进士之后一举成名天下知，其文章也写得越发老到，文采飞扬，“如水涌而山出”（欧阳修《送徐无党南归序》），欧阳修担心徐无党骤得大名不免年少气盛，曾专门撰文对其进行勉励和劝诫。至和元年（1054），徐无党被任命为渑池县令，欧阳修在饯别之际写下了这首《有马示徐无党》，对得意弟子寄予殷殷厚望。诗中的“千里马”即是比喻徐无党，这匹“千里马”既有“萧森”的非凡气度，即便在阳光下疾驰如风也不会留下影子，当它徐徐踱步之时，马蹄声声又如铿锵从容的音乐节奏。这匹千里马资质如此不凡，但再好的马也需要优秀的御马人去驾驭它，才能“六辔应吾手，调和如瑟琴”。

古代一车四马八辔（缰绳），其中驾辕两马的内侧两辔系在车轼上，另外六辔则由御马人手执。马和御马人的配合像琴瑟之音一样和谐，才能行走四面八方，跨越高山深林，从心所欲地去往任何想去的地方。“至哉人与马，两乐不相侵。”人和马的关系，既彼此依赖互相需要，又各自独立，写文章或为政一方不也是如此吗？伯乐虽然善于相马，看到的却还只是马的外表和价值，而春秋时期那位善于御马的王良才是千里马的知音。“良马须善驭”是这首诗的核心思想，强调的是为文为政都要像驾驭千里马一样，既要识其表更要知其性，才能臻于得心应手的和谐之境。

在诗人笔下，良马奔驰的声音犹如最和谐的音乐，当你静静谛听马蹄行过的声音，也许能够悟出某种人生的哲理。

其实，以马喻人并非欧阳修的首创。屈原《离骚》中的“仆夫悲余马怀兮”，马和主人之间就是情意相通、融为一体的亲密关系。杜甫《房兵曹胡马》中也赋予马以重情重义、万里驰骋的侠士情怀：“所向无空阔，真堪托死生。骁腾有如此，万里可横行。”在古人心目中，马和御马人，是亲密无间的家人，是生死相托的战友，是万里相随的知己。古人甚至还相信，从马蹄声的变化中能够听出主人的命运。

据说北宋时金陵就有这样一位姓王的高人，他虽是盲人，却最善于辨别马蹄声。其时宰相丁谓被罢相知金陵，一天他的车驾出行，王生躲在人群中暗暗听其马蹄声，并且预言：“参政月中必召大拜也。”果然，不出月余，丁谓就被召回京城复位为相。后来王生也到了京城，丁谓很高兴，把他请来盛情款待。等早晨上朝时，王生再细听其马蹄声，又预言：这次的马蹄声预示着相公将要往西边去，而且再也没有回声。果然，一代权臣丁谓不久又被罢相，分司西京，后再贬崖州，“马蹄声”的预言一一应验。

马蹄声是否真的可以预示主人的命运，我们不得而知。但是正由于马在古人生活中占据重要地位，古人往往视马为心意相通甚至是生死相许的战友、亲人、知己，因此马蹄声和马鸣声的微妙变化或许真的连接着主人的心绪起伏，是可感、可知的。“春风得意马蹄疾，一日看尽长安花”（孟郊《登科后》）道尽读书人扬眉吐气的畅快淋漓；“此马临阵久无敌，与人一心成大功”（杜甫《高都护骢马行》）说的是战马与将军的雄姿英发、立功西域；“瘦马驮诗天一涯，倦鸟呼愁村数家”（乔吉《越调·凭阑人·金陵道中》）倾诉着游子的疲倦与沧桑……骏马敏捷矫健的身姿往往昭示着主人的豪迈与希望；瘦马迟缓沉重的步伐又流露出主人的忧伤与失意。

谁说只有人与人才能成为朋友呢，人与马之间也可以成为心有灵犀的知己吧。

马蹄哒哒，马鸣萧萧，无论东西南北，无论高下山林，无论边关疆场，当你静静倾听，那声音始终是漫漫旅途中最能慰藉孤独的动人旋律。马是枪林箭雨中冲锋陷阵的将士们的坚强依靠，也是行过江南小桥时杏花春雨里的浪漫情愫。

小理的客厅

今日沙龙话题：多普勒效应对我们的生活有什么意义？

–小物：在古代，驰骋四方的是骏马，所以马蹄声和马鸣声是古人比较容易观察到的运动的声源。如今在中国广袤的大地上飞驰的是四通八达的高铁和高速公路上的汽车。在高铁站或公路边，我们会注意到疾驰而来的高铁或汽车声音越来越尖、越来越响；疾驰而去的高铁或汽车声音越来越低沉、越来越小。这是为什么呢？

＋小理：这就要说到著名的多普勒效应了。多普勒效应是由奥地利物理学家、数学家多普勒于1842年首次提出来的，核心内容就是波源和观察者的相对运动会导致观察者接收到的波的波长或频率变化。

－小物：我听说过一个故事，1842年的某一天，多普勒带着女儿在铁道旁散步，一列持续鸣笛的火车呼啸而过，他听到声音的音调有明显的改变，经过深入研究，总结出了多普勒效应。

＋小理：是的，他发现当波源和观察者有相对运动时，观察者接收到的波的频率会发生改变，相对运动速度越大，所产生的多普勒效应越明显。当波源和观察者相互靠近时，观察者接收到波的频率会变高。上次我们聊到过，声波频率高，音调就高，声音听起来高、细、尖、清脆，而且由于声源和观察者距离越来越近，声音响度越来越大。所以，当高铁、汽车向我们驶来或骏马向我们飞奔而来时，我们听到的声音会越来越大、越来越高、越来越尖、越来越清脆。

－小物：那疾驰而去的高铁声音、汽车声音或骏马奔驰的声音刚好和上面讨论的情况相反吗？

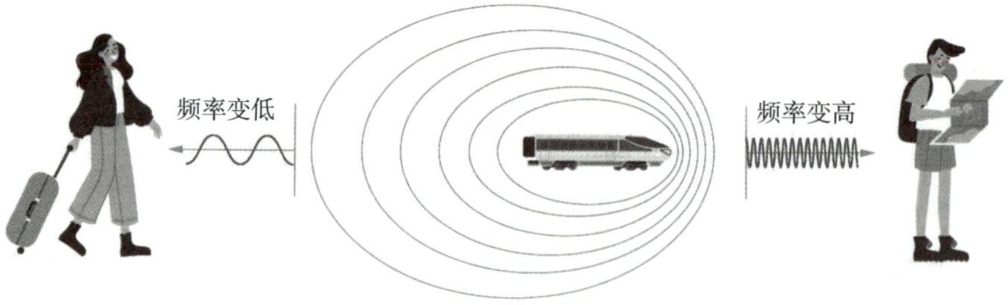

图 3.5－1　多普勒效应

+小理： 是的。当波源和观察者相互远离时，观察者接收到波的频率变低。声波频率低，音调就低，声音听来低沉而粗，且由于声源和观察者距离越来越远，声音响度越来越小。

小诗： 所以，在多普勒效应中，波源频率是不改变的，只是由于波源和观察者之间有相对运动，导致观察者听到的声波频率发生了变化。

+小理： 对，多普勒效应是波动过程共有的特征，不仅机械波，电磁波和光波也会发生多普勒效应。

小诗： 多普勒效应听起来是生活中常见的现象，古代虽然没有高铁，但是良马可以日行千里，当千里马从你身边呼啸而过的时候，你同样能感受到多普勒效应。古典诗歌中对于良马的描写都侧重于赞美它的速度，例如杜甫的诗“长安壮儿不敢骑，走过掣电倾城知”，说的就是千里马风驰电掣地奔跑，甚至“奔电无以追其踪，逸羽不能企其足”（曹毗《马射赋》），奔电和快箭都追不上奔马的速度。

－小物： 既然我们知道了多普勒效应是客观存在的，那它在我们的日常生活中是否有应用价值呢？

+小理： 当然，你们一定听说过医院常用的经颅多普勒超声吧？当检测脑血流时，检测探头与血液中流动的红细胞之间存在相对运动，超声波经过红细胞反射回来，并被探头接收器接收，根据发射声波与反射声波频率的变化测定血流速度，进而得出血流动力学数据和血流生理参数。另外，医院常用的彩色多普勒超声（彩超）也是基于多普勒效应对身体各部位脏器进行检查诊断的。

小诗： 这有点像中医望闻问切里的“闻”了。

+小理： 哈哈，的确，它们都是通过声音来判断病情。声音的多普勒效应还可以用来测量车速。简单来说，测速仪会发射超声波，这束超声波会被车辆反射回来，根据发射声波和反射声波频率差，就可以计算出车辆的速度。随着技术的发展，现在已用激光测速了，这就是应用电磁波多普勒效应来探测运动目标的相对运动速度和位置。

小诗： 听了小理的这番介绍，真的很有感触。其实文学也好，物理学也好，都是从不同路径引导我们对人的存在、宇宙的存在不断反思与求索，而且这个过程仍然在无限延伸着。

-**小物**：正是因为我们有着殊途同归的追求，我们才有可能穿越时空，突破各自的专业领域，坐在一起聊这么多啊！

第四章 银烛金炉夜不寒

热学之情

1 不辞冰雪为卿热——对冷热的直观认识

小物的日记

不同寻常的天气

2022 年 10 月 4 日，阴，湖南长沙岳麓区

终于迎来国庆长假，不如趁此机会去爬岳麓山。虽然已经立秋了，但长沙依然热度不减，最高温度甚至到了 39℃。手机提醒：4 日起将迎来大幅度降温……窗外太阳还在宣示主权，我不以为意，仍然穿夏装出门。想不到临近傍晚时，太阳消失得无影无踪，狂风大作。我傻眼了，只得抱着双臂，瑟瑟发抖地走回家中。

晚上，我开始头晕，身上一阵冷一阵热。拿出体温计一测：38.5℃！唉，看来下次还是得相信科学，相信天气预报！

小诗的回忆
不辞冰雪为卿热

冷和热是一组相对概念，在日常生活的细节中被人感知。远古传说中，燧人氏“钻燧取火，以化腥臊”，用烈火将食物烤熟，茹毛饮血的时代自此终结，中华文明燃起不熄的火种。早在千年前，先民就把对气候冷热的认识记录于诗中，如《诗经·小雅·四月》“四月维夏，六月徂暑”，《晋书·王沈传》“冰炭不言，而冷热之质自明者，以其有实也”。冰和炭自有其属性，不需说明，人人都知道冰是冷的、炭是热的。自然物候最先感应到冷热的变化，所以苏轼写“春江水暖鸭先知”，真切可爱。冷热关系着农事，农民赤脚踩在太阳炙烤过的黄土地上挥汗如雨、辛勤劳作，“足蒸暑土气，背灼炎天光”，绘就了中华民族勤劳的底色……

纳兰性德笔下的“热”却不属于以上任何一种含义，而是别具一片深情。

蝶恋花

纳兰性德

辛苦最怜天上月，一昔如环，昔昔都成玦。若似月轮终皎洁，不辞冰雪为卿热。

无那尘缘容易绝，燕子依然，软踏帘钩说。唱罢秋坟愁未歇，春丛认取双栖蝶。

这首《蝶恋花》是在悼念他深爱的妻子——卢氏。纳兰与卢氏是少年夫妻，世家公子和大家闺秀的结合，在讲究“父母之命，媒妁之言”的年代，这无疑是一桩门当户对的好姻缘。难能可贵的是，两人不仅外部条件登对，更有灵魂上的契合。

对于纳兰性德来说，卢氏既是温柔可人的贤内助，又是志趣相投的知己。纳兰才华横溢但多愁善感，卢氏则是接受过良好教育的女子，颇有才情，还善解人意，与词人丈夫有不少共同话题。“赌书消得泼茶香”是他们婚后生活的常态。两人烹茶煮酒，在茶香与酒兴中互相唱和、谈天说地，堪比李清照和赵明诚这对神仙眷侣。他们可能为了前人的一行诗、一个典故而争论，聊到兴起时甚至激动得握不稳茶杯，茶水洒泼到书上，书墨香中夹杂着袅袅茶香。若干年后回想起来，该是多么温馨美好的一幕！纳兰词中流传最广的那句“一生一代一双人”，就是两人幸福婚姻生活的写照。

在他们婚后的第三年，卢氏产下一子，美满的婚姻生活就从卢氏生产的那一天起急转直下。添丁本是喜事，但卢氏难产让这份喜悦带着挥之不去的阴翳。卢氏身体大受损害，很快便离开了人世。

妻子的死给生性敏感、心思细腻的纳兰性德带来了极大的伤痛，他从此真正理解了何为“曾经沧海难为水，除却巫山不是云”，斯人已去，从此世间再无爱人与知己。他用余生去追忆、思念她，写下大量诗词以示悼念。

《蝶恋花》是纳兰性德悼亡词中的典范之作。“辛苦最怜天上月，一昔如环，昔昔都成玦”，纳兰尝试去体悟世间万物的情感：你看天上那轮明月，一月之中只有一晚是像玉环一样的满月，其他时候都处在残缺的状态。如果说月亮在一月之中只能得一次圆满，那它剩下的时间都在向圆满而奔赴，它是否也会感到辛苦？

纳兰坚定地给出了自己的答案：“若似月轮终皎洁，不辞冰雪为卿热。”这也是他最深情的表白：只要最终能得到长盈的明月、皎洁的月光，只要爱情能和月亮一样长存于世，此前付出的辛苦又算得了什么呢?

“不辞冰雪为卿热”运用了《世说新语》中的一个典故:“荀奉倩与妇至笃,冬月妇病热,乃出中庭自取冷,还以身熨之。妇亡,奉倩后少时亦卒,以是获讥于世。”

故事的主人公荀粲,字奉倩,是三国时期曹操谋臣荀彧之子。魏晋名士多风流,荀粲也不例外,他毫不掩饰自己的“好色”,还曾发出“妇人德不足称,当以色为主”的惊世之论,并扬言要娶世上最貌美的女子为妻。

相传,骠骑将军曹洪的女儿容貌非凡,有倾城之色。荀粲仰慕曹氏女,与她结为夫妻。荀粲对妻子十分钟情,也对这段姻缘非常珍惜,两人婚后感情甚笃,恩爱有加。

可惜好景不长,某一年冬日,天寒地冻,大雪纷飞,妻子曹氏不幸患上了寒疾,高热不退,性命垂危。荀粲看妻子受苦心急如焚,恨不得以身相替,却没有好的办法救治她。于是他来到风雪交加的院子里,任由风雪扑来,冻得全身冰冷,然后回到病床上,用自己的身体紧贴着妻子为其降温,想方设法让妻子好受一些。

荀粲的深情感动了曹氏,却没能留住她的生命。临终之际,曹氏割断自己的莲枝腰带送给荀粲,不久便撒手人寰。

这对荀粲而言无疑是致命的打击。他整日神伤,沉浸在妻子离世的悲伤中无法抽离。他的朋友傅嘏在吊唁时表示不解:“妇人才色并茂为难。子之娶也,遗才而好色。此自易遇,今何哀之甚?”意思是要找才貌双全的女人很难,你娶的人只是空有容貌而已,并无才华,这样的人很容易遇到,你为什么伤心到这种程度呢?

荀粲回答他:“佳人难再得!顾逝者不能有倾国之色,然未可谓之易遇。”意思是我知道天涯处处有芳草,但“佳人”只有那一个,失去了就不会再有。不久后，荀粲在失去挚爱的痛苦中离世，年仅二十九岁。

尽管《世说新语》的编撰者将“荀粲熨妇”的故事编入《惑溺》篇中，作为反面教材告诫世人不要耽溺于儿女情长，甚至因此丢掉性命，但这个故事真正让无数读者为之感动、生发共鸣的，正是荀粲夫妇的鹣鲽情深。因此，有“清初第一才子”之称的纳兰性德才会被这个故事深深打动，以此为典写下了著名的《蝶恋花》。

无奈的是，月亮尚且每月能有一次圆满，远隔银河的牛郎织女亦有七夕团聚之时，纳兰和亡妻却早已阴阳两隔、不复相见。他甚至羡慕“以身熨妇”的荀粲，因为荀粲为救治妻子拼尽全力，他只能眼睁睁看着卢氏的生命流逝而束手无策。

如果还有万分之一可能挽回的机会，能让妻子像月轮一样渐渐恢复生命的光芒，那他一定也会做出和荀粲相同的选择，不畏风霜冰雪，紧紧抱住她。

爱中自有一股滚烫炽热的力量，足以融化坚冰，暖热人心。

小理的客厅

今日沙龙话题：热量与温度的奥秘

–小物：我很好奇，温度这个概念是怎样产生的？

小诗：很早以前，古人就有了判断冷热的方法，比如汉代的《淮南子·兵略训》中记载：“见瓶中之冰，而知天下之寒暑。”通过观察瓶中水结冰或冰熔化的情况，可以大致了解寒暖变化。

+小理：没错，但是在古代，人们没有提出过“温度”这个概念，对于他们而言，只有冷与热的感觉，例如在寒风天觉得很冷，在酷暑天又感觉很热。古人也曾发现，当寒冷到一定程度时，水会慢慢地结冰，当水温逐渐升高时，又会慢慢变成水蒸气。16 世纪，意大利科学家伽利略想到可以利用空气的热胀冷缩来观察温度的变化。

小诗： 伽利略是怎么操作的呢？

+小理： 他巧妙地把一根一端密封、内部盛有热空气的玻璃管，竖直倒放在一个水盆中。由于热胀冷缩，天冷时玻璃管中空气的体积逐渐缩小，外界的大气压将水挤入管中，使得管内水位升高；而在比较温暖的时候，管内空气受热膨胀，水位被压低。后来，伽利略在玻璃管上标明了刻度，人类最早的温度计就这样诞生了。

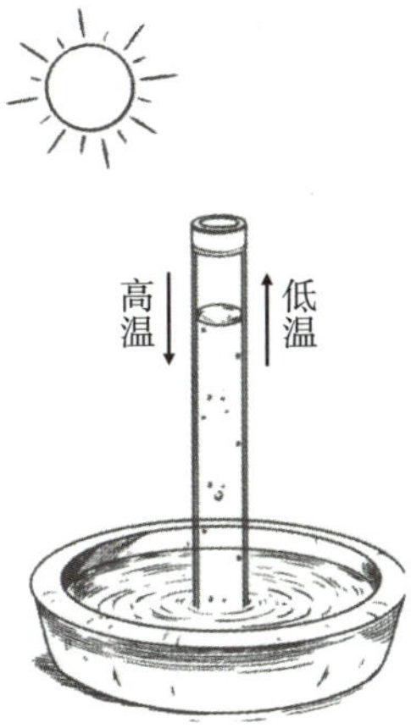

图 4.1－1　伽利略的实验示意图

－小物： 但据我所知，玻璃管内水位的升降不仅只受温度因素的影响，比如水盆敞露在空气中，大气压并不是恒定不变的，气压改变也可能造成水位升降。所以伽利略发明的温度计是不是不够精准呢？

+小理： 的确存在这个问题！后来，人们为了避免大气压的影响，提高温度测量的准确性，在伽利略的基础上改良了温度计。改良后的温度计利用的是液体自身的热胀冷缩原理。将水和酒精放入一个一端为大球泡的极细的密封玻璃管中，并标明刻度。在不同温度下，水和酒精会热胀冷缩，从中可以判断温度的变化。英国科学家罗伯特·玻意耳正是利用这种原始测温工具发现，水沸、冰化等自然现象总是在一定温度时发生，人们渐渐有了温度的概念。

-小物：原来温度的概念是这样产生的！人们日常使用的测温仪器里除了热胀冷缩的装置，还有别的测量方法吗？

+小理：目前，测量温度的方法已经超过了十种。最常见的就是刚刚提到的通过液体的体积变化来测量温度的玻璃液体温度计，它主要由三个部分组成——感温泡、玻璃毛细管和刻度标尺。为了提高测温的精度，很多温度计采用液态金属汞作为测温媒质，我们用来量体温的水银温度计就是这样的。除此之外，商场、学校等公共场所常用的是红外测温仪器。红外测温仪器的原理与玻璃液体温度计不同，它通过检测物体辐射的红外能量来测量温度。在自然界中，当一个物体的温度高于绝对零度时，它便会时刻对周围的环境辐射能量。红外测温仪器能够以无接触的方式对人体的温度进行测量。

-小物：我出国旅游时还看到过不同的温度表示方法，我们国家用的是摄氏度，美国用的是华氏度，让我有些不习惯。

+小理：就目前来说，世界上大部分国家都使用摄氏温标来表示温度，但美国等国家依旧使用华氏温标。摄氏温标规定在标准大气压下，水的冰点为 0 ℃，沸点为 100 ℃，中间分成 100 等份，每等份为 1 ℃；华氏温标规定在标准大气压下，水的冰点为 32 ℉，沸点为 212 ℉，中间分成 180 等份，每等份为 1 ℉。如果不习惯，可以对℉进行简单换算，就能得到我们熟悉的℃啦。

－小物：看来现代对于温度的测量已经非常精准了，我那天发烧到38.5 ℃，要不是有温度计，我也不知道自己发热到什么程度了。我很想知道，为什么我的体温会升高呢？

＋小理：其实这与我们人体的产热和散热机制有关。体温升高，表示体内热量增加。有研究表明，多数患者的发热是由致热源引起的，致热源随着人体的血液循环慢慢转移到别的区域，比如体温调节中枢，从而对人体的产热和散热过程造成影响。产热增加，散热减少，人体的体温就上升了，这就是我们常见的发热过程。

－小物：我小时候发热，医生会让我敷冰袋。上次爬山后发热，我也用到了这个方法，对于降低体温确实有一定的效果。

＋小理：敷冰袋是最简单的物理降温方式，它可以加快人体的散热。这个过程中涉及改变物体内能的一种方式——热传递，就是将其中一个物体的热量传导到另外一个物体上，从而达到降温的效果。

小诗：这让我想起了纳兰性德的《蝶恋花》："若似月轮终皎洁，不辞冰雪为卿热。"典故中的荀粲就是利用热传导的方式来为妻子降温的吧！

－小物：古人的爱情果然很浪漫，当代人都自愧不如啊！

小诗：东汉的王充曾在《论衡·寒温篇》中写道："夫近水则寒，近火则温，远之渐微。何则？气之所加，远近有差也。"靠近水会感觉冷，靠近火则会变暖和，他认为这与"气"的距离远近有关。我大概明白了他说的"气"约等于我们现在说的热量，不过热量的传递仅仅与距离有关吗？

＋小理：准确地说，距离只是其中的一个影响因素。热传递的方式有三种，即热传导、热对流和热辐射。热辐射不需要介质，在真空中都可以传递，比如我们感受到的太阳的热量就是靠辐射来传递的。热传导和热对流都需要介质，通常固体中只能发生热传导，而液体和气体中除了发生热传导，还有热对流。比如加热铁棒的一端，手握住另一端也会感受到热，这就是热传导的效果；把一杯冷水倒入一杯热水中，水温逐渐达到平衡，如果搅动的话，达到平衡的时间就会缩短，这主要是热对流的贡献。

小诗： 古人也有应对炎热的方法。《诗经·豳风·七月》云："二之日凿冰冲冲，三之日纳于凌阴。"早在西周便有了"凌人"一职，专职管理"冰政"，以冰解暑。

－小物： 除了人类，动物们好像也有适应温度变化的办法，我知道狗是利用舌头来散热的。

＋小理： 哈哈，你只说对了一半，除了舌头以外，狗还可以通过足底的汗腺来散热。其他动物也有自己独特的方法呢，比如：大象通过巨大的扇耳来散热；鲸有一层特殊的隔离脂肪层"鲸脂"可以保温；鸟类和哺乳动物的毛中间存在的空气层，能够减少热量的散失；骆驼的体温昼夜相差约 6 ℃，白天，骆驼在体内积蓄热量，用来保持夜间的体温，凌晨身体冷却下来，则可以缓解白天的暑热。

－小物： 看来面对大自然的冷热变化，每种生物都有自己的独门秘诀呢！

2 花气袭人知骤暖——微粒热运动

小物的日记

愿迟桂花长久盛放

2021 年 9 月 19 日，晴，湖南长沙岳麓区

晚上读郁达夫的《迟桂花》，清新甜蜜的桂花香仿佛充盈了我的整个鼻腔。这香味怎么如此真切？打开阳台门，熟悉的香味扑面而来，我惊喜地发现，楼下的桂花树上悄悄绽开了细碎的小黄花。原来不是我的错觉，桂花真的开了！

气味真是回忆的绝佳载体，置身于熟悉的味道中，总让我不自觉地产生各种联想。夏天闻到栀子花的清香，我会回忆起学生时代；去朋友家吃饭，朋友的母亲做了正宗的湘菜，剁辣椒的气味让我怀念起小时候……

小诗的回忆
芬花香草的世界

大凡美好的事物，都有馥郁的芳香。梅、兰、菊、荷等植物因自带芬芳的气味而备受历代文人的青睐，芬花香草装点了唐诗宋词的瑰丽世界。

在陆游的《村居书喜》中，花香给隐居的诗人报送春意：

红桥梅市晓山横，白塔樊江春水生。
花气袭人知骤暖，鹊声穿树喜新晴。
坊场酒贱贫犹醉，原野泥深老亦耕。
最喜先期官赋足，经年无吏叩柴荆。

远离经年累月的宦海浮沉，陆游在山阴(今浙江绍兴)故里隐居，得到了身心的放松。这里没有官场的汲汲营营，只有红桥梅市、连绵远山和白塔樊江下的潺潺春水。自然物候最能感知节气的变化，“花气袭人知骤暖，鹊声穿树喜新晴”句，花香扑鼻，带来了气温回升的信号；树林里传来喜鹊的鸣叫，仿佛它们也情不自禁为晴朗的天气而欢欣。嗅花香而知春来，蓬勃欣悦的春日生机使人心生喜悦。袭人的花香成了其中的点睛之笔，为陆游隐居山林的日子更添一份悠然。

在林逋的山间小园里，“疏影横斜水清浅，暗香浮动月黄昏”(《山园小梅》)，百花凋谢后，一树梅花独自绽放，幽幽暗香尽显风情。

于良史在春夜山中赏月，“掬水月在手，弄花香满衣”(《春山夜月》)，凑近玩赏山花时，衣衫沾上了花朵散发出的馨香之气，可亲可爱。

郑思肖用“宁可枝头抱香死，何曾吹落北风中”(《寒菊》)来形容遗世独立的寒菊，宁可怀抱清香在枝头枯萎凋谢，也不愿被凛冽北风吹散而坠入尘埃，可见其宁折不屈的情操。

香气能悠久长存，哪怕凋零破碎，花草也仍保有本色，“零落成泥碾作尘，只有香如故”(《卜算子·咏梅》)，展现了永恒的美。

花草本身有香味，高洁美好的品德情操亦是一种芬芳。将芬花香草与人的美好品质相联系，正是中国古代文学史的重要传统，上可追溯至先秦。

孔子有言，学《诗》可以“多识于鸟兽草木之名”，《诗经》中就有大量以花草作为重要抒情载体的诗篇。上古先民几乎本能地选择为气味芬芳、色彩鲜艳的花草而歌唱。

《郑风·有女同车》写“有女同车，颜如舜华”“有女同行，颜如舜英”，以花草比喻女性姣好的容颜；《郑风·野有蔓草》中写“野有蔓草，零露漙兮。有美一人，清扬婉兮”，将摇曳的蔓草和美人风姿相联系；《周南·桃夭》中写“桃之夭夭，灼灼其华”“桃之夭夭，其叶蓁蓁”，用灼灼桃花为嫁娶之事增添一重喜色。

芬花香草在《楚辞》中更为密集地出现。荆楚之地，宽广的河湖、崎岖的山脉、湿热的气候，共同孕育了独特的楚文化，也陶冶了屈原热烈浪漫的诗思。

楚地生长着形形色色的香花香草，兰、芷、薜荔、荷、菊、辛夷、芙蓉、杜若等，在长江中下游地区茂盛生长，为其创作提供了天然素材。

王逸评价《离骚》：“依《诗》取兴，引类譬谕，故善鸟香草，以配忠贞；恶禽臭物，以比谗佞……其词温而雅，其义皎而朗。”屈原笔下出现了品类繁多的香花香草，它们鲜妍动人，充满芬芳和灵性。

在屈原的幻想世界里，香气扑鼻的花草是必不可少的组成部分。神灵喜爱芬花香草，比如：湘夫人把荷叶盖在屋顶上，在厅堂四壁撒花椒，用辛夷、白芷装饰屋室，编织薜荔做帷幕，摆设石兰带来一片芳香；少司命的庭院也遍布芳香，“秋兰兮麋芜，罗生兮堂下。绿叶兮素华，芳菲菲兮袭予”(《九歌·少司命》)；杳无人烟的山阿，有“被薜荔兮带女萝”“被石兰兮带杜衡”(《九歌·山鬼》)的山鬼经过；而《离骚》中的抒情主人公本人，更是以花露香草为食，“朝饮木兰之坠露兮，夕餐秋菊之落英”，还将荷叶荷花穿在身上，“制芰荷以为衣兮，集芙蓉以为裳”(《离骚》)。

楚王向周王室进贡香草用来祭祀，在信鬼好巫的楚国，楚人也视香草为沟通神灵的媒介、富有灵气的象征。祭神者常用香花香草装饰自身，通过这种方式来取悦喜爱香草的神灵。进行祭祀礼时，“春兰秋菊”都是必不可少的道具，还需要“浴兰汤兮沐芳，华采衣兮若英”(《九歌·云中君》)，在芬芳的兰草汤中沐浴，披挂杜若花朵，求得神灵的认可。

芬花香草之所以能成为美好品德的象征，是以自身香洁的特质为前提的，而那些气味刺鼻难闻的，则被屈原视为“恶草”。因此，尽管“薋菉葹”之类的普通植物堆得满屋都是，屈原也坚决不肯佩戴；“兰芷变而不芳兮，荃蕙化而为茅”句更是别有深意，表面上说香草失去了香味而变为恶草，实则讽刺了那些弃善从恶、自甘堕落的小人。

司马迁赞美屈原：“其志洁，故其称物芳。”正因志趣高洁，所以其作品中描述的事物亦芬芳宜人；也只有这动人的芳香，才与屈原的理想人格相称，二者相得益彰。

悠悠花草香，从古典诗词中飘扬而来，恒久不散，愈久弥香。

小理的客厅

今日沙龙话题：气味的奇妙旅行

-小物：小区里的桂花一开，花香扑鼻而来，心情一下子就变得很好。小理，你能和我们说一说气味产生的原理吗？

+小理：我们能闻到各种味道，实际上闻到的是有气味的分子。花的薄壁组织中有许多油细胞，而这种细胞又可以合成和储存具有香气的挥发性芳香分子，这种分子就是我们感受到的花香的来源。

-小物：嗯嗯，花儿产生了气味分子，那么这些气味分子又是怎样通过空气传到我们鼻腔中的呢？

+小理：这就与微粒的热运动有关啦！所有的物体其实都是由分子、原子和离子这三种微粒构成的，比如说我们常喝的水是由水分子构成的，戴在手腕上的金镯子是由金原子构成的，溶解在水中的食盐是由氯离子和钠离子构成的，这三种微粒持续运动着，并且这种运动是无规则的。芳香分子也始终在空气中做着无规则运动，它们渐渐在周围扩散开来，我们呼吸时就能闻到缕缕香气了。

小诗：王安石在《梅花》中写道："墙角数枝梅，凌寒独自开。遥知不是雪，为有暗香来。"梅与雪都是纯白的，远远望去仿佛融为一体，但诗人能分辨哪处是梅花，这是因为有幽幽花香传来。花香无法用肉眼观察，只能用鼻子嗅到，那微粒热运动能用眼睛看到吗？

+小理：微粒热运动不能直接凭肉眼或显微镜看到，但是可以通过布朗运动和分子[①]的扩散现象间接观察到。

-小物：布朗运动是怎么一回事呢？

+小理：被分子撞击的悬浮颗粒做无规则运动的现象叫作布朗运动。我们都知道，水是由水分子构成的，但通常不会察觉到水分子在运动。但是在水的表面放上花粉或其他小颗粒后，我们就可以很明显地观察到，这些小颗粒并不会长时间停留在一个地方，而是在不断漂浮运动着。

-小物：颗粒本身应该不会动，所以这些微小颗粒是跟随水分子的运动而产生了位移吧！

+小理：你说的很有道理！液体中的分子在不断做着无规则热运动，不断撞击着悬浮颗粒。来自各个方向的撞击使得悬浮颗粒受力不均匀，从而开始运动，它的运动同样也是不规则的。能够产生布朗运动的微粒必须非常微小，直径仅有1～10微米。除了在液体中可以产生布朗运动以外，气体中也可以产生布朗运动。

-小物：那分子的扩散现象呢？我们能闻到花香也是扩散现象的表现吧？

+小理：这就是一种典型的分子扩散现象。分子扩散也叫分子传质，它是指分子在进行无规则的热运动时会进行物质传递。扩散现象主要与浓度差以及温度有关系，一般从浓度高的地方向浓度低的地方扩散。花香总是从花儿多的地方传到没有花的地方，这就与芳香分子的浓度有关，而且温度越高，扩散越明显。

-小物：看来我们除了用闻的方式，还可以用眼睛间接看到分子的扩散

---

① 热力学中的分子泛指微观粒子，包括原子、离子和化学意义上的分子等。

现象，并且合理利用它。

+小理：是的，如果想要更直接地观察分子的扩散，我们还可以做一个简单的实验。在一杯纯净水中加入一滴红墨水，墨水分子进入水中以后，开始自由、无规则地运动，最终充满整个水杯，纯净水会被染成红色，我们看到的就是分子扩散的全过程。另外，我们还可以用舌头品尝出来。如果你炒菜时不放盐，就尝不到菜的咸味，放入盐之后，菜才会逐渐变咸，这就是“盐分子”扩散到了菜里，起到了调味的作用。

小诗：我还想到了“酒香不怕巷子深”的故事，酒的香味能穿过曲折幽深的小巷，吸引每一个路过的爱酒人，这也属于分子的扩散现象吗？

+小理：没错，因为微粒的运动是无规则的，如果不限制分子的运动空间，它们会从高浓度处向低浓度处持续流动，慢慢扩散到更远的地方，范围越来越广，让美酒得以“飘香十里”。只是越远，分子浓度越低，气味越不明显。

小诗：宋代词人李清照曾写“风住尘香花已尽”（《武陵春》），凋谢的花儿把香味带进了尘土中，看来花的香味不仅在空气中扩散，而且可以扩散到固体中。

+小理：的确，比如将一块铜板和一块铝板贴合在一起，放置一定时间后，铜板表面会附着铝，铝板表面也会渗入铜，这就是固体与固体之间的扩散现象。

–小物：听了你对布朗运动和分子扩散现象的讲解，我对微粒热运动更感兴趣了。热运动，顾名思义，这种运动也与温度密不可分吗？

+小理：微粒热运动确实与温度有关，温度越高，运动越剧烈。观察布朗运动时，我们可以发现，在温度比较高的时候，布朗运动中的小颗粒位移更明显，这是由于此时液体中的分子对小颗粒的撞击力更大，使得小颗粒更容易改变状态。而温度较低时，液体分子的运动没有那么剧烈，小颗粒的运动也要更慢一些，但是分子的运动速度依然很快，比如空气分子的平均运动速度为450米/秒，比声音在空气中的传播速度340米/秒(15 ℃条件下)还要快呢。

–小物：哦，我明白了。聊了这么久，我早就饿了，前面那家煎饼真香啊，我们快去买一个来尝尝！

3 蒹葭苍苍，白露为霜——物态变化

小物的日记
西山岛之行

2020 年 9 月 7 日，晴，江苏苏州西山岛

今天是白露，我的苏州之旅也来到了最后一站——太湖西山岛！江苏等地有“春茶苦，夏茶涩，要喝茶，秋白露”的说法，这是说白露时节的茶不像春茶、夏茶那样苦和涩，而是别有一番风味。我点了一壶白露茶，一边品，一边听导游科普当地的风俗——祭禹王。

相传大禹曾在太湖镇压鳌鱼，消弭水患。人们非常感激他，每到白露时节都会去禹王庙上香、赶庙会，还把秋冬捕获的第一条鱼敬献给禹王。虽然传说不乏虚构和想象成分，但渔民们对未来的美好向往是无比真切的。我当即决定：下一个行程，就定为禹王庙了！

小诗的回忆

露是夜晚写给清晨的一首诗

露，自冷感渐生的黑夜降临，又在热度渐起的晨光里消逝，是人间稍纵即逝的一抹风景，是夜晚写给清晨的一首短诗。

在露水写成的诗里，我们见证了千年前的那一场美丽邂逅：

蒹　　葭

蒹葭苍苍，白露为霜。所谓伊人，在水一方。
溯洄从之，道阻且长。溯游从之，宛在水中央。
蒹葭萋萋，白露未晞。所谓伊人，在水之湄。
溯洄从之，道阻且跻。溯游从之，宛在水中坻。
蒹葭采采，白露未已。所谓伊人，在水之涘。
溯洄从之，道阻且右。溯游从之，宛在水中沚。

节气到了白露，就意味着孟秋的结束与仲秋的开始，秋意渐浓，气温渐凉。在大片大片繁密的芦苇荡里，白露都凝结成了霜，而我的心上人在哪儿呢？她好像远在河岸的另一边。

在蒹葭、霜、露、水共同构成的朦胧景致中，这场特殊的邂逅变得格外浪漫。白露横江，水光接天，在那缥缈的远方，伊人的身影隐约出现，又倏然消失不见。她仿佛是真实可感的存在，又仿佛只是心神恍惚中产生的错觉。

诗人还在苦苦追寻着“宛在水中央”的那位伊人，从“白露为霜”“白露未晞”到“白露未已”，晶莹的晨露凝成霜花，霜花又重新融为露水，最后随着温度升高而蒸发消失，时间也在白露的形态变化中快速流逝。

尽管这场邂逅如露水般短暂，尽管伊人踪迹难寻，但诗人不会轻言放弃，越是可望而不可即，就越是对此深深渴慕。有情人会生发出浓郁的思念，将时光定格在一方晶莹之中。

在露水写成的诗里，我们看到了杜甫浓郁的乡愁：

月夜忆舍弟

戍鼓断人行，边秋一雁声。
露从今夜白，月是故乡明。
有弟皆分散，无家问死生。
寄书长不达，况乃未休兵。

这首《月夜忆舍弟》创作于乾元二年(759)，此时的杜甫身处秦州，正饱受安史之乱带来的颠沛流离之苦。诗人与几个弟弟因为战乱而离散，长期的战事阻隔了音信，他牵挂着生死未卜的兄弟，更为山河破碎而忧心忡忡。

秋夜因战乱而显得不平静，戍楼上的更鼓之声不绝，阻断了行人的脚步，就连边塞的大雁都形单影只地哀鸣。

“露从今夜白，月是故乡明”，从今晚起就进入了白露节气，抬头看天上的月亮，明明在各地看到的都是同一轮月，本无差别，但在异乡人眼里，故乡的月就是要比别处的更加明亮。

在这孤寂的夜里，诗人眼前是白露与明月，心中在思念散落天涯的兄弟。该从何处得知他们的消息呢？战火不休，家亦不复存在。山高路远，寄送的书信本就常常无法送到对方手中，更何况现在还有战争的阻隔，一封家书可抵万金。

在安土重迁观念的影响下，古人特别重视故土。家乡，是无数人内心深处的情感羁绊。每逢白露时节，顿生的寒意也易使独在异乡的游子生发出孤独感。杜甫将浓郁的乡愁化为白露，飘散在天地中，落在每一位异乡人的心间，每一滴露水都饱含着对家乡的思念。

在露水写成的诗里，我们体悟了曹操的壮志豪情：

短歌行

对酒当歌，人生几何！譬如朝露，去日苦多。
慨当以慷，忧思难忘。何以解忧？唯有杜康。
青青子衿，悠悠我心。但为君故，沉吟至今。
呦呦鹿鸣，食野之苹。我有嘉宾，鼓瑟吹笙。
明明如月，何时可掇？忧从中来，不可断绝。
越陌度阡，枉用相存。契阔谈宴，心念旧恩。
月明星稀，乌鹊南飞。绕树三匝，何枝可依？
山不厌高，海不厌深。周公吐哺，天下归心。

感时伤事、叹功业未就，是中国古典诗词中的常见主题，一代枭雄曹操就在《短歌行》中借露水发出这样的感叹：“譬如朝露，去日苦多。”

一滴露水存在的时间，短得几乎可以忽略不计，它们在旭日东升的过程中极快地消失。而放眼整个宇宙，每个人都是沧海一粟，在某种程度上，个体人生又何尝不是一滴露水？在千千万万年的时光洪流中，几十年和几分钟都是瞬息。

在曹操看来，人生像朝露一样短暂，失去的时日已经太多了。

但他并未陷入虚无和低落，感慨过后，仍旧转向昂扬奋进的基调。正因为红颜易老、年华易逝，所以我们更应该把握当下，惜时奋进，建功立业。

露的诗意，说不尽，道不完。它是陶渊明《归园田居》“道狭草木长，夕露沾我衣”中复归自然的欣喜，是李白《玉阶怨》“玉阶生白露，夜久侵罗袜”中无言独立的幽怨，也是李白《长相思》“相思黄叶落，白露湿青苔”中迢迢不尽的相思。

在转瞬即逝的生命里，濯濯露水焕发着永恒的生机。

小理的客厅

今日沙龙话题：形态万千的水

–小物：这次的西山岛之行让我收获颇丰！我原本只知道有“白露”这个节气，却没思考过它名称的由来，原来这个时节真的能看到“露似真珠”的美妙景色。

小诗：《月令七十二候集解》中有记载：“白露，八月节。秋属金，金色白，阴气渐重，露凝而白也。”古人将四时与五行搭配，所以用“白”来形容秋天的露水，称这一节气为“白露”。

+小理：秋季昼夜温差比较大，在清晨，植物叶片上带着露珠是很常见的现象。我曾经看过一些延时视频，随着时间推移，叶片上渐渐出现了水珠。当然，露珠不可能是凭空产生的，它是空气中的饱和水蒸气遇冷液化，在植物叶片上许多微小绒毛的帮助下，凝结到叶片上的。

–小物：物理原理真是无处不在！除了露，霜、雪、雨、雾这类自然现象，它们的本质都是水的变化吧？

+小理：没错，在各种气象现象中，水是千姿百态的。举个简单的例子，雨是生活中最常见的天气之一，下雨是大自然水循环的一个非常重要的途径。陆地流向江河湖海中的水可以通过蒸发进入大气中，再通过下雨重新回到陆地，完成水循环。要是长期不下雨，陆地就会变得越来越干旱，最终变得像沙漠一样难以居住。

小诗：那水是怎样蒸发到大气中的呢？我们似乎看不到这个过程。

+小理：水通过蒸发变成了水蒸气，在一般情况下，我们是看不到水蒸气的。水汽化后，从液态变成了气态，搭乘上升气流飘向高空，与冷空气接触，变成微小的液滴或冰晶，就成了我们能看到的云朵啦。

-小物：但在烧水的时候，为什么可以看到有白雾冒出来呢？这难道不是可以看到的水蒸气吗？

+小理：小物，你说到了一个大家经常会犯的错误，那就是把烧水时冒出来的白雾误认为水蒸气，其实不是这样的。液体汽化一般分为两种形式——蒸发和沸腾。蒸发通常发生在液体表面，且在任何温度条件下都能发生；沸腾不仅发生在液体表面，还发生在液体内部，是温度达到沸点时才会产生的剧烈汽化过程。这两种汽化方式都需要吸收热量。而小物你所说的烧水，和大自然中普遍存在的蒸发不一样，它是沸腾的过程，在这期间，水吸收热量，剧烈蒸发，同时发出咕嘟咕嘟的响声。此时我们看到的白雾，实际上是高温的水蒸气遇到水壶外相对寒冷的空气而液化形成的小水滴，已经不再是气态的了。假如我们拿一块玻璃放在水壶口，玻璃上会很快出现很多水珠，它和空气中的白雾一样，是高温水蒸气遇冷液化形成的，只不过我们看到的白雾颗粒更小，可以飘浮在空气中。

-小物：原来是这样，物态变化的过程可真是奇妙呀。

小诗：古人对物态变化也有清晰的认知呢，《论衡·说日篇》中说："云雾，雨之征也，夏则为露，冬则为霜，温则为雨，寒则为雪。雨露冻凝者，皆由地发，不从天降也。"王充认为，云雾是雨的象征，夏天化为露水，冬天凝结成霜，温则成雨，遇冷成雪，但雨水、露水或霜雪，都是由地而发，不是从天而降的。这里面清楚地谈到了云、雾、霜等都是水在不同条件下表现出的不同形态。

+小理：是的，水有许多形态，在寒冷的时候会液化、凝固，甚至是凝华(气体直接变成固体)。同样，在温度较高的情况下也可以汽化、熔化或者是升华(固体直接变成气体)。刚刚我们讨论的烧水时产生的白雾，就是水先汽化后液化的直观体现。

－小物：之前说到了汽化的原理，不如再详细聊聊液化吧！

+小理：液化是指物质由气态转变为液态的过程，与汽化相反，气体液化要放热。实现液化有两种手段，其一是降低温度，其二是压缩体积。我们在大自然中看到的绝大部分液化现象都是因为温度降低而出现的。第二种压缩体积的方法其实也很常见，比如以前家家户户都有的液化气罐，就是靠压力把液体形态的天然气保存在罐子里，大大节约了空间。另外，我们还要注意气体液化的另一个限制条件——临界温度，即气体能液化的最高温度。我们可以在常温下实现对天然气的液化，但氢气、氮气等气体还要求我们在加压的同时深度冷却，达到临界温度，否则无论如何加压，这些气体都无法变成液体。

－小物：液化和汽化是互逆的过程啊，液化放热，汽化吸热；一个从气态变为液态，一个从液态变为气态。雨、雾、露是液态的水，水蒸气是气态的水，还有冰、雪这样以固体形式存在的水。

+小理：冰、雪是固态的，可以通过熔化从固态变为液态。雪花飘落在手上，不一会儿就变成小水滴，就是发生了熔化。熔化与汽化一样需要吸热，雪花在手上熔化正是因为它吸收了人体的热量。

小诗：“残雪暗随冰笋滴，新春偷向柳梢归。”诗人张耒在《早春》中生动地写出了雪熔化吸热而从固体变成液体的过程。《诗经》中写“蒹葭苍苍，白露为霜”，白露凝结成霜，霜也和雪一样是凝固的吗？

+小理：霜与雪一样都是固态，但形成过程是不一样的。霜是空气中的水汽放热直接凝华形成的冰晶。雪是由于云中温度过低，小水滴凝固结成冰晶而形成的。古人可能对凝华现象认识不够，才会认为霜是由液态的白露凝固形成的，才有“白露为霜”之说。

-小物：我还想知道，雾凇是怎么形成的呢？前几年我在东三省旅游的时候有幸看到了雾凇，它比一般的霜雪更加蓬松美丽，而且姿态各异，真的很壮观。

+小理：那你很幸运啊！与普通的霜雪相比，雾凇形成的条件要苛刻得多。它是气温在 0 ℃以下时，空气中的水蒸气凝华而成的。水蒸气由气态直接变成了固态冰晶，不断聚集、冻黏在树枝上，树枝银装素裹，很有观赏价值。

-小物：大自然各处都展现着它的精巧与美丽，如果我们多多观察自然，感受自然，可以从中学到很多知识。

4 朝来新火起新烟——能量守恒定律

小物的日记

跳动的火焰与跳动的心

2021 年 10 月 25 日，晴，北京

国家博物馆这次的展品几乎都是甲骨文残片，让我印象特别深刻的是展厅的视频解说，它用动画的形式讲述甲骨文字的前世今生。在讲解“火”字的演变时，大屏幕展示了原始人钻木取火的全过程，明亮的火光不停跃动、升腾，缓缓与甲骨文“火”字重合，让人一看便能理解古人造字的思路，画面尤其震撼！

我真切地感到，眼前这些沉默的文物，曾是那样鲜活生动。这些龟甲兽骨仿佛不是陈列在博物馆透明的玻璃罩中，而是被殷商时期的占卜者握在手里，一笔一画刻出历史的印记。

小诗的回忆

火中燃烧的诗情

火有千千万万种形态——摇曳生姿的烛火、熊熊燃烧的篝火、吞噬一切的烈火，又或是带着饭菜香味的灶火、煮酒烹茶燃起的炉火……

希腊神话中，天神普罗米修斯盗取火种，将人类从无边黑暗中解救出来。我们的远古传说中也有类似的故事：毕方鸟啄燧木出现火花，燧人氏从中得到启发，于是折下燧木枝，钻木取火，烤熟食物。这是原始人第一次试图支配自然力的伟大尝试，人类初步掌握了取火技术，华夏文明自此开启了新篇章。

“钻燧造火，陶冶群形，协和五味，革变膻腥，酒醴烹饪，于斯获成……功用关乎古今，勋绩著乎百姓。”西晋时期，潘尼创作《火赋》，全文洋洋洒洒数百字，全方位书写了对火的赞美。在古人看来，“火”神秘而珍贵，来无迹，去无踪，具有“博赡群生，资育万类”的强大力量。

对于古人而言，火是天子的恩赐，这在寒食习俗盛行的唐代体现得尤为明显。

夏历冬至后一百零五日或一百零六日，清明节前一二日，即寒食节。寒食，顾名思义，在这一天，禁烟火，人们只吃冷食。据说这一习俗是为了缅怀割肉奉君、葬身火海的晋国大夫介子推。

这一天，上至官宦显贵，下至平民百姓，无不遵循寒食禁火之原则。而皇帝会给亲近宠信的大臣赐火、燃烛，这类现象在唐诗中多有反映，其中以韩翃的《寒食》一诗最为典型：

春城无处不飞花，寒食东风御柳斜。

日暮汉宫传蜡烛，轻烟散入五侯家。

寒食之日，春风吹遍长安，拂过宫中御柳，吹起满地落英，柳絮与花瓣纷飞，笼罩着暮春时节的皇城。诗的前两句以写实的笔触描摹了长安寒食春深的画面。到了日暮时分，天色逐渐昏沉，半明半寐之间，天边飘散而来的一缕轻烟便成了这幅迷蒙暮色图中的主景。要知道，寒食不仅禁炊火，也禁照明的灯火，这里的蜡烛和轻烟从何而来？来源于天子的恩赐。皇帝将燃烛生火的特权赐给大臣，对于被赏赐的人来说是莫大的殊荣。《批点唐诗正声》评价："禁体不事雕琢语，富贵闲雅自见。"

寒食节过后，人们需要重新钻木、点燃火种，以恢复正常生活。但火种是来之不易的，取火的树种也会随着季节的变化而更替，这一现象被称为"改火"。《论语集解》有言："周书月令有更火之文。春取榆柳之火，夏取枣杏之火，季夏取桑柘之火，秋取柞楢之火，冬取槐檀之火。一年之中，钻火各异木，故曰改火也。"杜甫有诗云："朝来新火起新烟。"[《清明二首》(其一)]苏轼亦写道："一别都门三改火。"(《临江仙·送钱穆父》)"新火""改火"之说都来源于此。

火也是人间的温暖。"烟火"常常借指人的居处，象征平凡温暖的日常生活，譬如王维的《山居即事》：

寂寞掩柴扉，苍茫对落晖。
鹤巢松树遍，人访荜门稀。
绿竹含新粉，红莲落故衣。
渡头烟火起，处处采菱归。

这首诗记录了王维在终南山辋川庄的隐居生活：在寂静无声的山中，很少有来访的客人，连鸟雀都已归巢，于是诗人掩上柴门，在苍茫暮色中欣赏落日余晖。好在渡口处还有星星点点的烟火，那是采菱人结束一天的劳作归来后升起的炊烟。

"渡头烟火"是王维的山居生活中最鲜亮的一笔，它的出现使得诗中寂寥萧索的基调为之一变，平添了几分世俗的烟火气息。烟火与采菱人组成了“人间烟火”，一幅充满暖色调、令人眷恋的现实生活图景由此生成。

火还是诗意的标志。火的明艳、热力、姿态，无不动人心神，火也由此成了诗词境界里诗意与美的有机组成部分。

白居易形容江南“日出江花红胜火”（《忆江南》），日光朗照，为江岸的花增添了一抹亮色，乍一看比火还要绚烂夺目，足见江南春景之明丽。只有到了“花红胜火”的程度，才说明江南已经到了一年中最浓艳美丽的时节。许多诗人也热衷于以火喻花，譬如“沙鸟似云钟外去，汀花如火雨中开”（贯休《春晚桐江上闲望作》），“闻道山花如火红，平明登寺已经风”（卢纶《河中府崇福寺看花》），“花枝如火酒如饧，正好狂歌醉复醒”（高骈《春日招宾》）。

火总是呈现出热烈上升、不可阻遏的姿态，在燃烧中迸发诗情，存在着审美的无限可能性，等待你来探寻、发现。

小理的客厅

今日沙龙话题：神奇的能量转化秘密

小诗：在我们看来，火是生活中司空见惯的事物，不足为奇。但横看千古、纵历八荒，火的保存和利用堪称中国乃至人类文明史上的重大进步。神话传说中有燧人氏钻木取火，火神祝融击石取火，这也是古人认识热现象的开端。

小物：古人可真聪明啊！钻木取火的确是伟大的发明，要满足什么样的条件才能让物体燃烧起来呢？

+小理：物体燃烧需要满足的条件有三个：首先，这个物体本身必须为可燃物，常见的可燃物有木材、天然气等。在钻木取火这个故事中，古人用的可燃物就是木材。其次，必须要有助燃物，比如氧气。物体在空气中可以燃烧，因为空气中含有氧气。曾经有人做过实验，将点燃的蜡烛放入密闭玻璃罩中，到最后，蜡烛还有剩余，火却熄灭了，这是由于玻璃罩中的氧气浓度不断降低，也就是助燃物渐渐缺失，最终导致了烛火熄灭。最后，必须要达到可燃物的着火点。不同种类的可燃物的着火点不同，木材的着火点为250～300 ℃，蜡烛的着火点为190 ℃，纸张的着火点为130 ℃。如果满足了以上三个条件，这个物体就可以燃烧起来啦！

－小物：原来是这样，既然物体需要达到一定的温度才能燃烧，那么在钻木取火的时候，古人是如何让木材升温达到着火点的呢？

小诗：《庄子·外物》篇中有记载：“木与木相摩则然。”我想这应该与摩擦生热有关。

+小理：古人通过钻木的方式使木材燃烧起来。钻木的过程也就是能量转化的过程，在木材与木材摩擦时，动能转化为热能，所以木材表面的温度就会慢慢升高。在木材开始燃烧后，也会对外释放能量，这里也有一种热量的转化，即木材燃烧时的化学能转化为热能。燃烧所释放的能量可以用来加热食物，古人就是这样使食物由生变熟的。

－小物：既然能量总是由一种形式转化为另外一种形式，那么能量的总和是不会发生改变的吗？

+小理：在自然界中，能量并不会突然增多，也不会突然减少，它的总量总是保持不变。它只会从一种形式转化为另一种形式，或者从一个物体转移到另一个物体，这是自然界普遍的基本定律——能量守恒定律。但是对于某个单一系统而言，它的能量并不是保持不变的，而是根据传入或者传出这个系统的能量多少而改变。比如对于地球而言，一方面，我们不断地接受来自太阳的能量，另一方面，我们也在不断地向宇宙辐射能量，地球的总能量并不是恒定不变的。

小诗：如果自然界的能量是守恒的，那么能量岂不是可以一直周而复始、循环利用，这样我们的能量永远也使用不完？

+小理：哈哈，虽然总的能量是保持不变的，但是能量的转换是有方向性的。根据热力学第二定律，机械能可以100%转化为热能，但是热能不能100%转化为机械能。就拿永动机来说，人们设计过的永动机分为两大类：第一类永动机企图不输入任何能量而持续对外做功，这违背了热力学第一定律，也就是违背了能量守恒定律；第二类永动机企图将热能100%转化为机械能或其他等价形式能量，这违背了热力学第二定律。所以，他们的尝试都是徒劳的。在不违背热力学第一定律和第二定律的情况下，永动机是不可能存在的。

–小物：哦，我懂了，虽然能量的总量不会发生改变，但是它不能一直变成我们想要的形式。

小诗：我们从小就听说过“塞翁失马，焉知非福”的故事，《后汉书·冯异传》中也说“失之东隅，收之桑榆”，可见我们的人生也满足能量守恒定律，在某一阶段失去的东西，可能会在另一阶段以另一种方式重新回到你身边。

+小理：没错，所以我们应该保持乐观积极的心态去面对所有的事情，因为未来的一切都是说不定的。

5 愿得一心人，白头不相离——熵增原理

小物的日记

走一条“少有人走的路”

2022 年 12 月 2 日，阴，湖南长沙岳麓区

加完班回到家，想给自己泡杯热茶，一时间竟找不到常用的水杯，明明几天前还看到过。仔细想想，最近身心都被工作填满，没空整理房间，木地板已经蒙上了一层灰。“剪不断，理还乱”的思绪萦绕着我，该怎么做才能成为自律又充实的人？

深夜，读到一段话：因为所有的事物都在向着无规律、无序和混乱的方向发展，如果你要变得自律，你就得逆着熵增做功，这个过程会非常痛苦。

一尘不染的屋子，需要有人定期打扫，否则会越来越乱；倒在地上的水，不施加外力，便无法收回盆中；如明镜台般的心，必须勤加拂拭，才能保持清明；美好纯洁的爱情，需要双方共同维护，才能保持初心不变。

谈起中国文学史上著名的爱情故事，那必定绕不开卓文君与司马相如。和所有才子佳人的桥段一样，司马相如是西汉赫赫有名的才子，他的《子虚赋》让汉武帝为其惊世才华而倾倒，他早年家境贫寒，后成了汉武帝的文学侍从；卓文君则是巨贾卓王孙的女儿，美貌与财富并存，而且精通音律、多才多艺。

尽管两人的家世背景有巨大差异，但他们的结合不可谓不浪漫。在司马相如的精心策划下，他为卓文君奏起一曲《凤求凰》，动人的琴音成功打动了美人，两人在当夜私奔，约定厮守一生。出身巨富大家的卓文君为此付出了深重的代价，她不得不忍受周围人的闲言碎语，甚至为了生计当垆卖酒，挥别曾经锦衣玉食的生活。

故事停在这里尚且圆满，才子与佳人过上了平凡却幸福的生活。但现实往往有别于小说，人们在走向美好未来的过程中难免会经历波折，卓文君也不例外。

卓文君的落魄让父亲卓王孙很是不满，他给女儿分了一笔钱财，让女儿女婿回成都好好生活。有了这笔钱，两人不再像从前那样拮据，日子一天天向好的方向发展。

可最难预测的是人心，“等闲变却故人心，却道故人心易变”(《木兰花令·拟古决绝词》)，司马相如“将聘茂陵人女为妾”的消息如晴天霹雳般传来，卓文君百感交集，写下了中国文学史上吟唱爱情的经典之作《白头吟》：

皑如山上雪，皎若云间月。
闻君有两意，故来相决绝。
今日斗酒会，明旦沟水头。
躞蹀御沟上，沟水东西流。
凄凄复凄凄，嫁娶不须啼。
愿得一心人，白头不相离。
竹竿何袅袅，鱼尾何簁簁。
男儿重意气，何用钱刀为。

全诗以一对比喻开头，卓文君把自己心目中的理想爱情比作“山上雪”“云间月”，山顶终年覆盖的白雪和高悬于云端的月亮，都是那样遥远、皎白、不染一丝尘埃，是纯洁和美好的代名词。

然而，再美好的爱情也离不开双方的用心维护，否则就会逐渐陷入混乱状态，一旦掺入杂质，破镜便难重圆。于是第二句话锋一转，直陈诀别之意：“闻君有两意，故来相决绝。”“士贰其行”的例子多得数不过来，听闻司马相如想要纳妾，卓文君没有哀求丈夫回心转意，而是下定决心痛快地分手，不留一丝余地。

当感情面临危机时，与其紧抓不放，任由爱意被消磨殆尽，不如停留在此时此刻，保留其纯洁真挚的模样。既然你已变心，那喝了今日的诀别酒，我们便各奔东西，从此再也不必相见！

卓文君又情不自禁地回忆起自己嫁给司马相如的那一天：“凄凄复凄凄，嫁娶不须啼。”古代有哭嫁的习俗，表示对娘家的依依不舍，卓文君却劝慰天下女子，出嫁有什么好哭的呢？只要嫁得如意郎君，出嫁便是喜事，不必用眼泪来装点。

紧接着是全诗中卓文君最有力的呼唤：“愿得一心人，白头不相离。”这千古流传的名句，诉说了天下女子对爱人的期待。“易求无价宝，难得有情郎”，家财万贯易得，一心人却难求。她可以放弃家产过平凡生活，甚至当垆卖酒，只想和相爱的人长相厮守、再不分离。

“竹竿何袅袅，鱼尾何簁簁”，男女爱情就像钓鱼时钓竿和鱼儿的关系，相依相偎，密不可分。

“男儿重意气，何用钱刀为”，好男儿理应重视情义，失去了的感情，即便有再多金钱也无法挽回！

司马相如看到卓文君的诀别诗后幡然醒悟，他回忆起曾经幸福的点点滴滴和妻子的一片深情，从此再无二心。

在这个并不算太出彩的才子佳人爱情故事中，司马相如和卓文君还是走向了人们喜闻乐见的“happy ending”（大团圆结局），这样的结局很大程度上归功于卓文君的智慧、自信和远超时代的爱情观。她敢于自由恋爱，看重真挚情意，渴望忠诚专一，牢牢把握着爱情的主动权，用写诗的方式巧妙地化解了感情危机，对抗了爱情的“熵增”。

小理的客厅

今日沙龙话题：如何对抗生活中的熵增？

小物：我回想起近期杂乱无章的生活，又想到从前老师在课堂上说做事要考虑后果，以免覆水难收，你们知道覆水难收是什么意思吗？

小诗：“覆水难收”其实是一个典故，古代有个书生叫朱买臣，胸有大志却家境贫寒，他的妻子崔氏难以忍受贫困生活，逼着他写休书后改嫁，朱买臣没有办法，只得让她离去。后来朱买臣出人头地，当了大官。两人再次见面后，前妻羞愧不已，向他请罪，请求朱买臣与她恢复夫妻关系。朱买臣取来一盆水泼在地上，令前妻将水收回来，意思是覆水难收、夫妻难合。

+小理：其实，覆水难收跟物理上的熵增原理不谋而合。

-小物：熵增原理？怎么理解？

+小理：熵是一个热力学概念。1865年，德国物理学家克劳修斯首次提出了熵的概念，并将其广泛应用于热力学分析中。但那时，人们把熵当成一个与热量变化相关的物理量。你看汉字“熵”，“火”是形旁，表明它跟热量有关，“商”既是声旁，又表明是两个值相除得到的商（热量与热力学温度之比），这是我们对熵的早期认知。随着统计物理学和信息论的发展，人们才进一步认识到熵的本质，准确来说，熵指一个系统“内在的混乱程度”，它通常用来衡量某些物质系统的状态，也可以用来比喻人类社会。有人说，科学中的某些概念之所以重要，是因为他们反复出现在许多描述中，而且往往波及离最初表述很远的领域。熵就是这样一个概念。

-小物：让我联想一下，“熵增”的意思是不是熵的增加，也就是系统内在的混乱程度增加？

+小理：你说得对，熵增原理就是指在一个孤立系统（完全不受外界影响的系统）中，熵会不断增加，直到无法增加为止。此时的系统将会达到均匀的热力学动态平衡状态，不会发生其他改变，除非外界又对这个系统提供新的能量。熵增原理意义非凡之处在于，它不仅适用于热力学领域，而且切合所有生命和非生命的演化规律、个人和群体的演化规律。比如，对于非生命来说，物质总是在不断向熵增演化：老房子经过长时间的风吹日晒会变得破旧；耳机线会不自觉地缠绕在一起；手机会越用越卡顿；连太阳也会不断燃烧衰变……

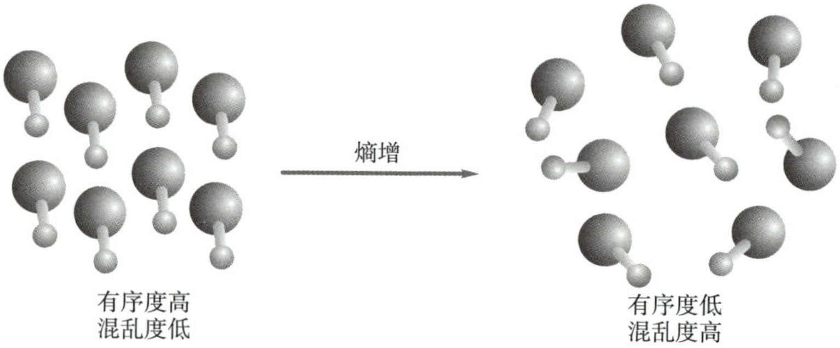

图 4.5－1　熵增原理

－小物：我似乎明白了。就好比对于我们个人而言，坚持总是比放弃更困难，偷懒总是比自律更轻松，能够严格自律、意志坚定的人总是极少数，而大部分人都处在混乱的状态中，就像前段时间的我一样。

小诗：对于群体而言也是如此，比如开办一家公司，不断吸纳新员工会让公司的架构组织变得越来越庞大臃肿，员工的工作效率也可能会降低。

＋小理：正如前面说的“覆水难收”，一盆水被倒在了地上，盆里的水相对于地上流动的水，是处于一个相对有序的状态，想把地上的“无序”的水重新变成盆里“有序”的水，不施加外力的话是不可能实现的，也就是说它的熵不会自发地减小。

－小物：落地的树叶不会再长成大树，一个玻璃杯从桌上掉到地上摔碎了，就没法再复原，这些都符合熵增原理。

+小理：不仅如此，看看你们的房间，是不是一天不收拾就到处乱糟糟的？这也是熵增原理的表现。

-小物：但我还有个问题，到底什么算是混乱呢？

+小理：混乱与整洁是相对的。打个比方，假如你房间有20件可以移动的物品，但是至少有100个可以放置物品的位置，如果只有一种摆放方式被定义为整洁，其他的统统称为“混乱”，那么“整洁”在所有放置方法中的占比，即“整洁”出现的概率是非常小的，几乎不可能发生，而“混乱”几乎成了必然发生的事，所以“整洁”很容易变成混乱。

-小物：可是，如果我认为有居住感、有些乱的房间才是“整洁”的呢？

+小理：其实对混乱的判断是带有主观色彩的，甚至有一些审美的意味。比如如何判断雾更混乱还是露珠更混乱，有人喜欢“雾失楼台，月迷津渡”的感觉，那么他可能觉得雾更有秩序；而有的人可能更喜欢“蒹葭苍苍，白露为霜”，他就可能觉得露水更有秩序。

-小物：这样看来熵增好像也没什么坏处啊，我平时收拾房间可能不及时，好像影响也不太大？

+小理：你可不能这么想啊，所有符合熵增的，都是容易和舒适的，与熵增对抗却不那么容易。人一生都在对抗熵增，无论是生活环境的熵增、社会关系的熵增，还是个人身体的熵增、学习工作的熵增。熵增是客观存在的规律，对抗熵增则是人们生存的主旋律。

小诗：我想熵增原理也适用于人的感情吧！就像卓文君和司马相如的爱情历程，因为卓文君在努力抵抗爱情的熵增，两人才能走到最后。如果他们都不努力维护这段感情，那势必会走向难以挽回的混乱结局。

-小物：人的感情确实需要用心维护，这样看来，我得一直与熵增对抗了。只要肯努力，所有的熵都可以减少吗？

+小理：这就要分情况讨论了，有的熵增是可逆的，比如你可以自己收拾房间，让它变得整洁有序，冷却的水也可以再次加热，但是也有很多无法改变或者很难改变的事物，就像裂成两半的镜子，再如何复原，也会留下破碎的痕迹。

-小物：我想我大概了解熵增了！既然熵增是所有非生命与生命的终极原理，一切都会自发地走向混乱，那么这是不是意味着人类最终会走向灭亡呢？

+小理：理论上是这样的，但这个熵增的时间将会很长很长，我们不用过于担心。对于我们来说，生命本身就是自律的过程，即熵减的过程，就像薛定谔说的那样，“人活着就是在对抗熵增定律，生命以负熵为主”。

-小物：好！抵抗熵增就从今天开始，我要行动起来，先去收拾房间！

第五章 排空驭气奔如电

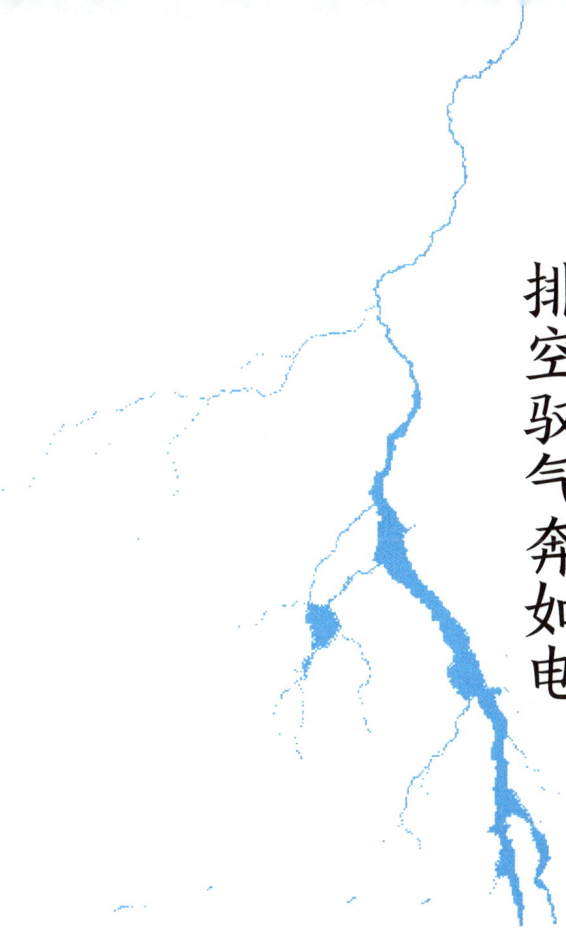

电磁之奇

1 一痕急逗狂雷信——电流的产生

小物的日记

在雷电交加的惊蛰夜

2021 年 3 月 5 日，雷雨，湖南长沙岳麓区

“轰隆隆——”一道道刺眼的白光在窗帘上闪过，随之而来的是沉闷的雷声。

每当惊蛰来临，脑海里都会想到“春雷响，万物长”“惊蛰节到闻雷声，震醒蛰伏越冬虫”这样的民谚。春雷乍动，生灵惊醒，万物萌发，一切欣欣向荣。

惊蛰到来，意味着进入了雷电高发期。我不禁思考起来，现在我们有先进的避雷技术和安全的房屋，要是在古代，人们是怎样应对雷电天气的呢？

小诗的回忆

闪电的产生及象征意义

一直以来，闪电现象就吸引着先民去关注和研究。远在公元前一千多年殷商时期的甲骨卜辞中，就已经出现了“电”字。西周时的青铜铭文中则出现加了雨字头的“電”字，“電”字的上半部分是“雨”，下半部分是“电”(象闪电之形)。整个“電”字不但表示了人们在田野上空所见到的强烈闪光的形状，而且还表示了只有在下雨时才能够看到这种现象。

在科技不发达的古代，我们的先人在无法解释的情况下，将风、雨、雷、电等自然现象归因于上天的神力。为了趋利避害，人们在长期的实践中发明了种种沟通人神的预测方法，《周易》在这样的背景下作为一部判断吉凶祸福的著作得以问世。其中“震”卦是描述雷电的专卦，代表天怒，蕴含震动、震惊之意。雷电是震撼、威慑的象征，体现一种冷峻威震的阳刚之势。

虽然《周易》是占卜之书，但它对自然界的物象并非机械地进行摄取，而是融入了先民对这些物象的某些基本认识和特殊的情感，使之成为一种具有主观色彩的人文意象，具有了象征的基本特质。《周易》里的雷电意象就凸显了公正威严、主持公道、惩恶扬善等特征，警示人们要遵守法则，不能越礼行动。

《周易》总结的有关雷电的多重文化内涵，对中国古代诗文产生了潜移默化的影响。《诗经》中的雷电意象，继承了《周易》中迅猛、威力、警示的象征意义，如《诗经·小雅·十月之交》所写：

烨烨震电，不宁不令。百川沸腾，山冢崒崩。

高岸为谷，深谷为陵。哀今之人，胡憯莫惩？

农历十月之交，冬雷阵阵，电光闪闪，上百条河水在翻腾，这些是不正常的自然现象。作者以雷电之威力、自然之灾异警示周王朝统治者“日月告凶，不用其行”，倒行逆施必遭天谴，体现雷电的强大威力。

东汉的王充在《论衡·雷虚篇》中也谈及：“盛夏之时，雷电迅疾，击折树木，坏败室屋，时犯杀人。”雷电这种神秘而恐怖的力量，使得古人不得不以诚惶诚恐的心态膜拜它以求平安。

雷电意象的这一象征意义，在后世诗文中一直沿用着。比如李白在《梦游天姥吟留别》中写道：“列缺霹雳，丘峦崩摧。洞天石扉，訇然中开。”雷电威力无比，能劈开神山仙境石门，体现的仍是雷霆的万钧之力。

古人敬畏着雷电，雷神崇拜和信仰由此而生，并在历史发展过程中将其人格化。《山海经·海内东经》将雷神摹画成一个半人半兽的形象：“雷泽中有雷神，龙身而人头，鼓其腹。”王充在《论衡·雷虚篇》中则是这样描绘雷神的：“图雷之状，累累如连鼓之形。又图一人，若力士之容，谓之雷公，使之左手引连鼓，右手推[之]，若击之状。”可知汉代的雷公状如大力士，已演化为人形。同时，古人发现雷是与电相伴出现在天空的，于是也赋予闪电一些神话的想象，比如上天的发笑、雷神甩动的车鞭等。再后来，古人将雷电一分为二，演变为配偶的分工，随着雷神逐渐男性化，闪电之神变成了电母，中国传统信仰中的“雷公电母”形象便诞生了。电母形象出现在《西游记》和《封神演义》等小说中，称之为“金光圣母”；明代余象斗的《北游记》则称电母为“朱佩娘娘”。

在唐宋文人笔记、明清小说中，雷神意象已完全人格化，他们除了布雷打闪外，还劈打那些不法不孝的罪人和祸害人间的妖孽鬼怪。后一种职责，赋予雷神能辨人间善恶、代天执法的文化意蕴，反映出人们对雷神既存敬畏的心理，又寄托了希望其主持正义的愿望。

古人不断丰富雷电崇拜信仰的形式和内容，赋予了雷电儒家传统道德伦理。雷电这种自然现象，便有了现实教化的社会功能，有利于规范我们自身的行为。时至今日，当我们在作保证时，仍会许下“若有一点谎话，遭天打雷劈”这样的誓言。

当头顶的电闪雷鸣再次来临，你的内心是否会怀有一丝对自然之道的敬畏？

小理的客厅

今日沙龙话题：闪电的形成原理和电流的发现

－小物：说了那么多闪电的象征含义，我很想知道，闪电到底是怎样形成的呢？

＋小理：闪电指的是云与云之间、云与大地之间或云层各部位之间的强烈放电现象。通常是暴风云产生电荷，云的顶层带正电荷，底层带负电荷，地表由于静电效应感生出正电荷。由于正负电荷相互吸引，它们有“双向奔赴”并最终形成电中性的趋势，然而空气的导电性较差，云层底部的负电荷无法穿过空气，与地表或其他云层的正电荷接触。此时，地表的正电荷会跑到树木、山丘、高大建筑物等的顶端甚至站立的人体上，企图与云层底部的负电荷相遇。随着云层中聚集的电荷增加，云层之间或者云与地面之间会形成很强的电场，其电场强度可以达到几千伏特/厘米，局部区域可达上万伏特/厘米，此时就有可能把云内外的大气层击穿。正负电荷终于相遇，瞬间产生了巨大的电流，引发强烈放电现象，就形成了闪电。

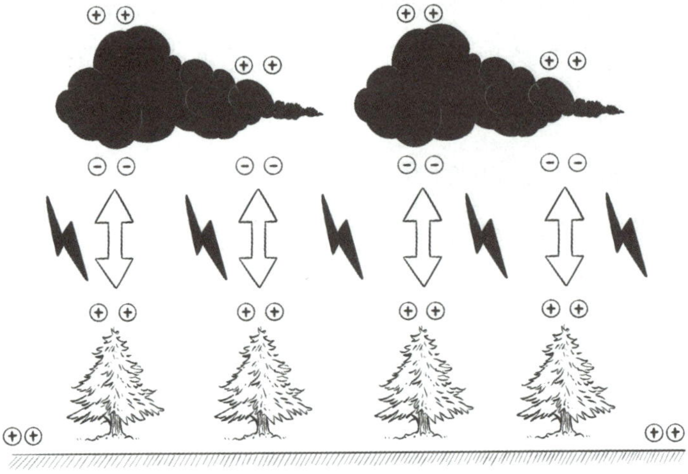

图 5.1－1　电荷分布示意图

小诗：这让我不禁想到，我国古代先哲也有这样朴素的思考，《淮南子》认为"阴阳相薄为雷，激扬为电"，雷电是阴阳两气对立的产物。

＋小理：其实这两者颇有异曲同工之妙呢！

－小物：这么说，闪电的产生离不开暴风云产生的电荷。有时会看到人被闪电击中导致灼伤、树木被闪电劈断的新闻，看来闪电的威力还不小呢！根据平日的观察体验，与闪电相伴而生的，还有隆隆的雷鸣。但为什么我们总是先看到闪电，后听到雷声呢？

＋小理：雷声和闪电其实是同时出现的，都是电流击穿空气之后，电荷在云层间或云层与大地之间的强烈放电中产生。但因为光速远大于声速，所以我们会先见到闪电，后听到雷声。

小诗：面对惊天动地的电闪雷鸣，人类会油然而生出"寄蜉蝣于天地，渺沧海之一粟"的感觉，再加上古人对雷电的认识有限，一直对雷电怀着敬畏的态度，因此雷电成为一种审判道德的“神旨”。似乎直到近现代。

－小物：是的，我听说富兰克林通过在雷雨天放风筝，并将闪电收集起来，后来才意识到收集起来的“电”能产生电流。基于这个原理，富兰克林意识到可以在需要保护的建筑上引入一根针尖，将其接地之后，就能有效地保护建筑物不被雷击。这就是现代避雷针的雏形。人们对闪电才有了科学的认识。

＋小理：这个故事未必是真的，但原理的确如此。人类最开始产生的电基本都是直流电（大小和方向都不变的电流），直到科学家特斯拉发明了特斯拉线圈，才可以轻松地将直流电转换为交流电（大小和方向随时间作周期性变化的电流）。交流电的利用能减少输电过程中的损耗，方便长距离传输，极大地促进了电流的应用。

－小物：现在风靡的特斯拉汽车，是不是跟科学家特斯拉有关呢？

＋小理：是的。特斯拉汽车确实是为了纪念科学家特斯拉而命名的。它属于新能源汽车，用到的是电能驱动，这也是未来减碳减排的大趋势。新能源汽车的优点在于能够将电能储存起来，直接供给汽车，从而减少化石燃料的使用。

－小物：今天真是收获颇丰，也十分触动我。面对神秘未知的自然现象，人类最初虽然会感到恐惧和敬畏，但通过不断的探索，最终会形成科学、客观的认识，从而能借助大自然的力量，为自己创造更美好的生活。

2 时雨静飞尘——生活中的静电

小物的日记

秋日传递的电火花

2022年9月20日，晴，浙江杭州

持续的秋雨洗涤了整个自然界，临安城显得更加端庄沉静。

小七出差回来在杭州转机，我抓住这个机会，约她吃午饭。餐厅内比较温暖，小七脱下风衣外套，我接过来，准备挂到衣架上。当我的手接触到外套的瞬间，响起"啪"的几声，一波小火花在我指间生发开来。小七好像也感受到了，连忙问："没有被电着吧？"

这小小的电火花，打开了我们的话匣子，接下来的聊天十分自然和愉快。

小诗的回忆
时雨静飞尘的净化作用

古代虽然没有“静电”的概念，但细心观察的古人发现并记录了不少和静电有关的现象。最直观的就是静电对微小物体的吸引，比如玳瑁吸引芥子。

“玳瑁吸褡”早在西汉末年的《春秋纬》中就有记载。褡，芥也。对此，王充在《论衡·乱龙篇》中作了进一步的解释和说明：“顿牟（即玳瑁）掇芥，磁石引针，皆以其真是，不假他类。他类肖似，不能掇取者，何也？气性异殊，不能相感动也。”意思是，经过摩擦的玳瑁能吸引芥子，磁石能吸引钢针，这是因为它们之间的“气性”相同；其他看起来与芥子、钢针相似的东西，因与玳瑁、磁石的“气性”不同，所以不能相互感应移动。类似的记载在东晋时期的《山海经图赞》中也有出现，即“磁石吸铁，玳瑁取芥。气有潜感，数亦冥会”。文中把静电和静磁相提并论，同时认为是某种“数”在起作用。

除此之外，西晋张华在《博物志》里记录了静电产生火花的现象：“今人梳头脱著衣时，有随梳解结有光者，亦有咤声。”即梳头、穿脱衣服时，常发生摩擦起电现象，有时还能看到小火星，听到微弱的响声。

不同于科学家们总是执着地解释眼前这些现象的产生原理，诗人的目光往往会放到更加深远的大自然上面，为抒发心情所用，营造出一番别样的意境。比如三国时期文采斐然的曹植，在其诗作《侍太子坐》中，就提到了静电在雨中净化空气的效果：

白日曜青春，时雨静飞尘。
寒冰辟炎景，凉风飘我身。

清醴盈金觞，肴馔纵横陈。

齐人进奇乐，歌者出西秦。

翩翩我公子，机巧忽若神。

太阳照射在明媚的春天，一阵好雨洗净了飞舞的灰尘。阳光和煦得融化了冰雪，凉丝丝的春风吹拂着我的身体。金杯斟满甜甜的酒，美味佳肴错杂横陈。齐国美人献上曼妙的舞蹈，西秦的歌者纵情歌唱。风度翩翩的曹家公子，才思敏捷犹如天神。这就是这首诗所描写的宴会上的欢乐场景。

开端二句“白日曜青春，时雨静飞尘”是写春天雨后的景致。曜，同“耀”，照耀。时雨，即应时之雨，这里指春雨。阳光照耀着青葱的大地，春雨洗净了空中的飞尘，这两句写出了雨后植物青翠鲜绿，空气清新，使人感到格外舒畅的意境。

《侍太子坐》是曹植的一首游宴诗，描写了曹植参加太子宴会，陪其宴饮时的情形，此诗中景色描写部分所占比例如此大，在曹植的诗赋中是不多见的。诗题中的“太子”一词，一般认为是对曹丕的称呼。曹植和曹丕的“夺嫡之争”，已是家喻户晓的历史，经过七步成诗的惊心动魄，兄弟俩的关系变得更加微妙。这首诗写作的具体年份暂无定论，只能大概判断是在曹丕被确立为太子前后。在这里我们可以分析一下，曹植称呼曹丕为“太子”，是否是对曹丕的提前恭维呢？仔细想想，发现这种可能性不大，因为曹植和曹丕同为曹操之子，曹操在曹植小时候就非常欣赏他的才华，“几为太子者数矣”，这就说明曹植已经具备成为太子的外部认可，而曹植自己也称“吾虽薄德，位为藩侯，犹庶几戮力上国，流惠下民，建永世之业，流金石之功”，可见他志向远大，也具备成为太子的内在条件。在内外在条件兼备的情况下，曹植虽然才高八斗，却不谙政治的险恶，一意孤行，最终与“太子”失之交臂。那么至少可以判断，曹植断不可能在未知结果的情况下拱手将太子之位提前让给曹丕。曹植这样称呼曹丕，是由于政治境遇使然，不得不低头称臣，那么写作此诗时，曹丕很有可能已经成为事实上的“太子”了。

“白日曜青春，时雨静飞尘”中的“白日”和“时雨”两个意象看似写景，其实极有可能是对曹丕的称颂。“白日”在古典诗歌中通常象征君王，“时雨”则是赞颂曹丕像及时雨一样安定天下的功绩。对于曹植而言，对曹丕的赞颂难免言不由衷，但至少表面上，这样的表述符合兄弟俩此时既定的“君臣”关系。

由此看来，《侍太子坐》运用了以乐景衬哀情的方式，曹植表面尽情渲染曹丕当上太子后的欢乐太平景象，实则极力隐藏了内心的悲凉和落寞。

小理的客厅

今日沙龙话题： 静电的产生和应用价值

小诗： 如果“时雨”是赞美曹丕像及时雨，那么“时雨静飞尘”应该就是说曹丕凭借自己的能力让那个纷乱的时代重归太平安宁了。这个“静”字实在用得好。“时雨静飞尘”到底是种怎样的自然现象呢？

+小理：“时雨静飞尘”是因为下雨的时候往往伴随着雷电现象，雷电产生的巨大电压会击穿空气并导致空气中很多气体分子被电离，这些处于离子态的粒子会被雨滴吸附，从而导致雨滴带上静电。雨滴在下降的过程中，会吸附带有异种电荷的尘埃，出现带电雨滴吸引尘埃的现象。

-小物： 突然想起我家有个静电除尘器，也是这样的原理吗？

+小理：基本原理差不多，只不过静电是人为利用高压电场，使空气中的气体分子电离，产生大量电子和离子，并在电场力的作用下向两极移动，在移动过程中碰到气流中的粉尘颗粒使其带电，粉尘颗粒再受电场作用被吸附到极板，从而实现净化空气的效果。

–小物："静电"到底是怎么一回事，它是"静止的电"吗？

+小理：可以这么理解，所谓静电，就是一种处于静止状态的电荷。之所以会存在电荷，是因为大部分物质都是由原子组合而成，而原子可进一步分为原子核（质子、中子）和核外电子，其中质子带正电，中子不带电，电子带负电。在正常条件下，一个原子的质子与电子数量相同，正负电平衡，对外表现为电中性。但是通过摩擦或电荷相互吸引等方式可以引起电荷的重新分布，当电荷聚集在某个物体表面时就会形成静电。

–小物：在干燥的秋冬季，当我们脱下毛衣，经常会听到"噼啪"的声响，而且伴有闪烁的火花；早上起来梳头时，头发经常会"飘"起来，越理越乱；当手指触及门把手时会有电击感。这些都是常见的静电现象吧？

+小理：没错。当带静电物体接触与其有电位差的物体时会发生电荷转移，就是我们日常见到的火花放电现象。

–小物：这么说来，静电无处不在，那火花放电现象不是很危险吗？

+小理：静电确实是存在一些安全隐患的。就拿我们日常见到的油罐车来说吧，车后拖着一个接地的"尾巴"，就是为了将油罐中感应的静电导走，避免与外界物质接触产生火花。

小诗："乍暖还寒时候，最难将息。"我总感觉秋冬更容易产生静电，是不是跟气候有很大的关系呢?

+小理：是的，干燥的天气确实更容易产生静电，不过静电的产生跟材料更相关。如果材料导电性好，电荷就很容易被导走；如果材料的绝缘性好，电荷就不容易被导走，更容易形成静电。之前小物提到的毛衣、门把手等都是容易发生静电放电现象的“舞台”。

-小物：感觉静电和闪电相比，杀伤力还是不值一提的，只不过发生得总是猝不及防，看到它危害不大的分上，只好适应一下了。

+小理：可别看静电小，严重时也可以灼伤人的皮肤，还可能因“蝴蝶效应”产生巨大的危害。比如，飞机机体与空气、水汽、灰尘等微粒摩擦时会使飞机带电，如果不采取措施，将会严重干扰飞机无线电设备的正常工作；在芯片制造厂，静电会造成芯片内部电路击穿损坏，导致芯片无法正常工作或丧失功能；在印刷厂，纸页之间的静电会使纸页粘合在一起，难以分开，给印刷带来麻烦；在煤矿，静电火花可能导致瓦斯爆炸，危害工人的生命安全；等等。

小诗：天哪！那么现实生活中，我们要怎么去防护呢?

+小理：要减少静电的产生，关键在于控制电荷量。比如改造起电强烈的工艺环节，采用起电较少的设备材料等。不过最简单又最可靠的办法是用导线把设备接地，这样可以把电荷导走，避免静电积累。日常生活中，很多家电设备都接有地线。

-小物：我观察到飞机的两侧翼尖及尾部有一根根短线，叫“放电刷”，应该是导走静电用的。飞机着陆时为了防止乘客下飞机时被电击，起落架大都使用特制的接地轮胎或接地线，也是为了泄掉飞机在空中所产生的静电荷吧。

+小理：真不错，学会举一反三了。其实，消除静电还有一个“反其道而行之”的方法，那就是适当增加工作环境的湿度，增加工作环境的导电性，让电荷随时放出。其实，只要摸透了静电的脾气，扬长避短，也能让它为人类服务。比如静电印花、静电喷涂、静电植绒、静电除尘和静电分选等，已在工业生产和生活中得到广泛应用。

小诗：看似微不足道的静电，其实蕴含着巨大的能量。古人的观察思考，遍布自然万物，融入诗篇；今人的智慧创造，能够扭转乾坤，为我所用。

3 不指南方不肯休——地磁场现象

小物的日记

不远万里追寻极光

2023 年 2 月 13 日，晴，俄罗斯摩尔曼斯克市捷里别尔卡

吃饱喝足后，我们出发去寻觅极光。大雪覆盖了地面，一脚踩下去，积雪深至大腿。我们蹲守在一个雪坡上，隐约听到波涛击打着岸滩，传来回响。也不知过了多久，极光猎人突然叫醒昏昏欲睡的我，我二话不说跟着他飞奔，跑到一个绝佳的观赏点。

只见辽阔的雪原上空是一片幽蓝色。当地球磁场受到太阳风的扰动时，先出现时隐时现的浅绿色，然后一大片光线舞动着迅速扩散开来。是极光！

小诗的回忆

指南针的心灵导向

“带你奔赴诗和远方”和“身在远方思念家乡”，是诗歌长河中两大感人至深的主题。在宋朝诗坛里，就有一位无论流落到多远，总能忠贞“指南”的诗人。

扬子江

几日随风北海游，回从扬子大江头。

臣心一片磁针石，不指南方不肯休！

这首诗的主人公就是“留取丹心照汗青”的文天祥。宋恭帝德祐二年(1276)正月，文天祥被任命为右丞相，代表南宋政权入元营谈判，却被元人扣留。临安沦陷后，文天祥被押送北上，经过镇江时他乘机逃脱，经真州抵南通。因长江中沙洲已被敌兵占领，无法过江，便绕道北行，坐船历北海，然后经长江口南下，历尽千难万险，至福建募集将士，再度抗元。

一路上，文天祥写了许多诗，总名为《指南录》，此诗即其中的一首，诗的末两句就是《指南录》命名的来历。

“南方”一语双关，既指磁针石的指针方向，也指在福州新即位的南宋王室。南方是故国所在，“不指南方不肯休”表示心向故国，矢志不渝。以指南针比喻诗人的忠肝义胆，可谓“喻巧而理至”。同时，“指南”一般指正确的方向，这与几年以后文天祥在《正气歌》中舍生取义的凛凛正气遥相呼应。

在这颗地大物博的星球上居住的人类，一直有着探索世界尽头的雄心壮志，不远万里奔赴两极，插上彰显拼搏力量的旗帜，欣赏与地磁场有关的极光现象，或者是沿着指南针的指向，开辟新航路，建设新大陆。

说到“地磁场”，就离不开我国引以为傲的四大发明之一——指南针。

公元前 7 至前 6 世纪，中西方各自独立发现了一些磁现象。在磁性应用方面，中国人首先发明了磁性指南针，利用地磁场力来判定方向，中世纪后期传到阿拉伯和欧洲。目前普遍认为，在先秦时可能已经出现将磁石加工成具有实用价值的磁性指向装置。至迟从唐代起，中国人发明了多种人工磁化指南针，用于陆路、海陆指向以及堪舆等。

到了宋代，随着海上贸易的繁荣，指南针在航海业得到广泛的应用。宋代的海船不仅坚固、载重大，还以指南针辨别方向。这些优势使得我国航海事业一度居于世界领先地位。北宋地理学家朱彧，曾这样记录远航阿拉伯诸国的广州海船：“舟师识地理，夜则观星，昼则观日，阴晦观指南针。”

在浩瀚江海中，指南针为旅人指引了方向；在浩繁卷帙中，诗人也巧借指南针暗喻心之所寄。

彭龟年在《寄黄商伯兼简詹元善》中写道：“滔滔迷所往，莫忘指南针。”诗人用形象的诗句提示世人在滔滔海上迷茫的时候，不要忘了可以替我们寻找方向的指南针。方回的诗句“更凭心上指南针”（《赠程山人》）和“烦君端试指南针”（《赠地里周国祥》），都是用指南针暗喻心灵的天平与公正的方向。

磁针指南，是人类航海史上开拓新土的一盏明灯；

磁针指南，是人类诗歌史上可歌可泣的一片丹心。

小理的客厅

今日沙龙话题：地磁场的基本原理

－小物：我在捷里别尔卡看到的极光，以及文天祥诗中借喻的指南针，都和地磁场有关。小理，你能说说地磁场到底是怎么一回事吗？

＋小理：地磁场就是一个从地球内部产生，延伸到太空的磁场。地磁北极在地理南极附近，而地磁南极则是在地理北极附近。

－小物：你说的是“附近”，这也就意味着，地磁北和地理南并非完全一致吗？

＋小理：哈哈，确实是的。地磁场的磁轴与地球自转轴大约呈 11° 夹角。因此，地磁的南（北）极并不与地球的北（南）极完全重合。

小诗：这个我知道！北宋科学家沈括在著作《梦溪笔谈》中写道：“方家以磁石磨针锋，则能指南，然常微偏东，不全南也。”这说明磁极和地极还是有差异的。

＋小理：没错，这个在物理学中被称为“磁偏角”。在西方最早的记录，是英国天文学家埃德蒙·哈雷在 1701 年绘制的太平洋与大西洋地磁偏角航海图，上面的指南针显示的北方与实际正北存在一个夹角，也就是“磁偏角”。事实上，地磁的南北极随着时间的推演不断地变化。2001 年，地磁北极处于加拿大北部埃尔斯米尔岛附近，经纬度为 81.3°N，110.8°W。到了 2016 年，地磁北极持续往北移动，到达了经纬度为 86.4°N，166.3°W 的位置，且移动的速度在不断地加快。不过，由于移动的速度整体来说还是比较缓慢，所以对一般情况下指南针的导航不会有太大的影响。

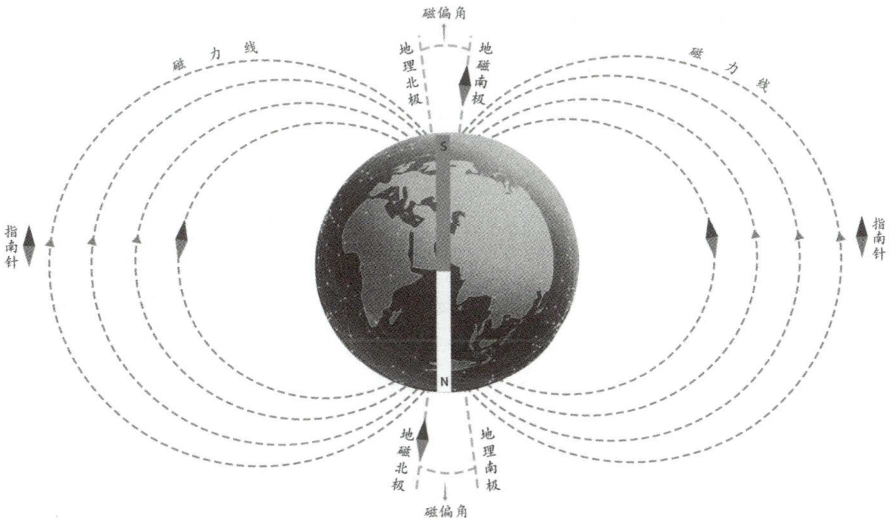

图 5.3－1　地磁场示意图

－小物：原来是这样。没想到地球这个神秘的天体，不仅外部有着可观测到的不规则形状，在无形之中还有很多玄机呢。如果没有它，古人在远行途中，可能就要迷失方向了。

＋小理：除了人类，还有很多借助地磁场来导航的动物，如鸟类、鱼类。它们的识途导航也会因此受到强烈的影响。

小诗：我突然记起来，灾难片《2012》中有地磁场南北极大逆转的场景，人类的高科技通信遭遇毁灭性打击，地球陷入一片混乱之中。这样脑洞大开的情节设计真是令人感到害怕。

＋小理：其实，这也并不完全是“脑洞”。根据古地磁学的记载，地球每隔几十万年就会发生一次磁极逆转，也就是南北磁极互换位置。但这种现象并无周期性，它的内在机理也不清晰。

小诗：几十万年？磁极逆转距离我们这么遥远，是如何被发现并记录下来的呢？

+小理：哈哈，不得不说人类的智慧是神奇的！磁场的变化会在磁化的岩石中留下痕迹。在20世纪早期，地质学家注意到一些火山岩的磁化方向并未朝预期的方向排布，提出磁场可能曾经相反，从而引发了对磁极反转的大量关注与探索。

-小物：一个稳定的自然环境是多么重要啊！我现在对地磁场的感知变得更具体一些了。如果通信因为地磁场的改变而中断，我无法想象生活将会变成什么样……

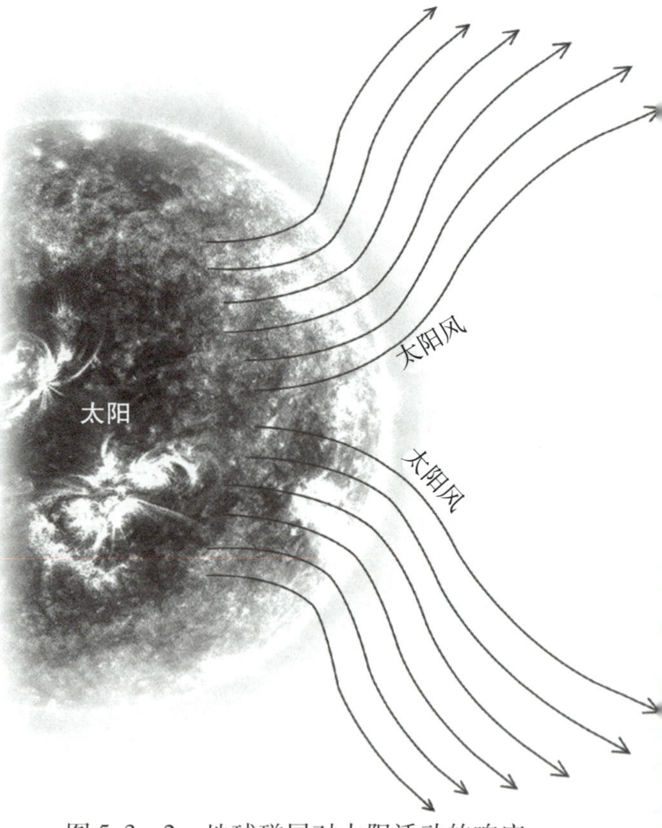

图5.3-2　地球磁层对太阳活动的响应

+小理：通信受损只是一个方面。地磁场起源于约34.5亿年前，它的形成时间与地球生命诞生的时间是十分吻合的。如果没有它，太阳风中的带电粒子会剥去阻挡紫外线的臭氧层，地球上的生物将暴露在紫外线中，受到侵害。地磁场为我们挡住来自太阳的高速带电粒子流，将其引导向南北两极，为导航和通信提供了条件。因此，地磁场就像是地球的一把隐形保护伞，有了它，人类才能安营扎寨。

-小物：高速带电粒子流被引向南北两极后，就会形成极光吗？

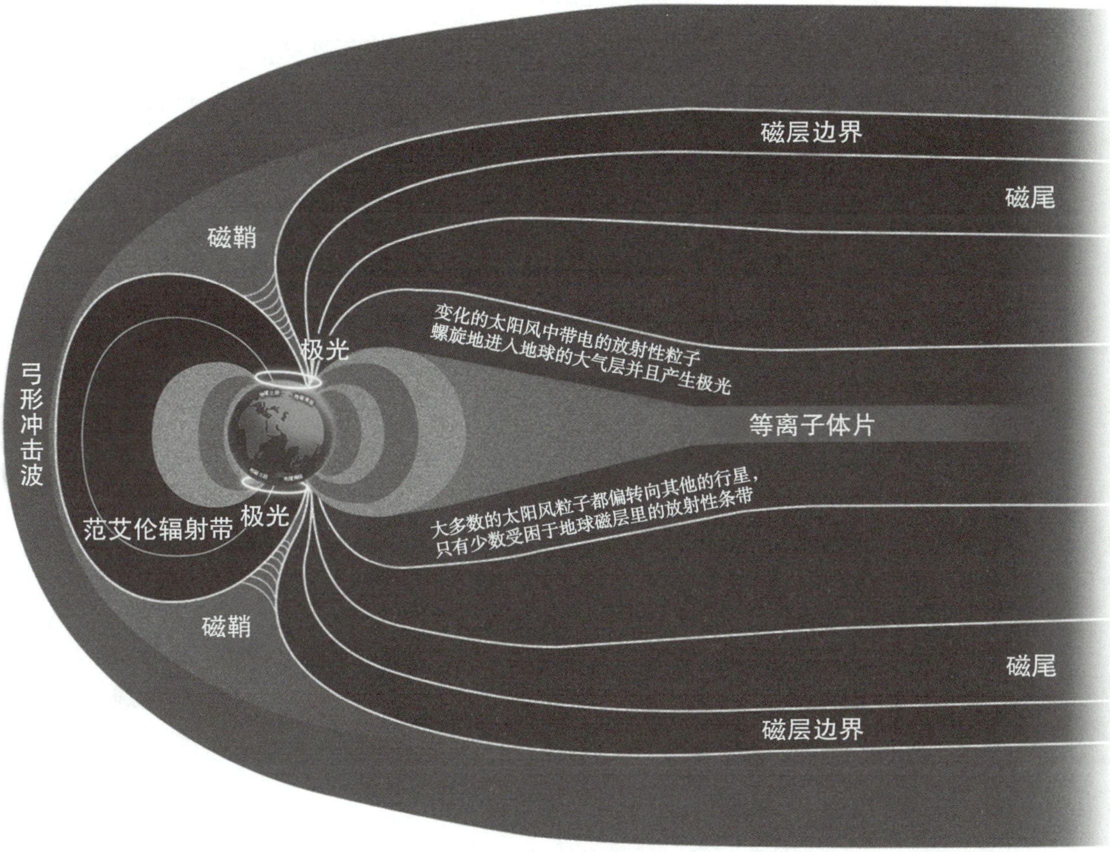

+小理：是的，我们看到的极光就是高速带电粒子流与高层大气层的分子碰撞而形成的发光现象。

-小物：看来不能小瞧了这个地磁场呀！既然它的诞生时间这么早，目前有研究出它产生的原因吗？

+小理：暂时没有准确的定论。目前普遍接受的假说是，日本科学家力武常次在发电机假说的基础上提出的双圆盘耦合发电机模型。我们都学过地理知识，地球的基本构成从外往内依次为地壳、地幔、地核(外核、内核)。简要来说，地球外核的熔融态物质通过对流运动形成电流，从而产生地磁场。详细来说，外核的主要组成物质铁、镍，以熔融态的形式存在，液态的外核物质形成对流，构成巨大的发电机。对流的物质可以看作旋转的圆盘，两个圆盘之间产生两股方向相反的电流，激发出两个极性相反的磁场。在电磁耦合作用下，较强的磁场被不断放大，最终形成地球磁场。地球内部的轻微变化会导致磁性的改变。如果地球两极磁性发生了改变，按照我们前面所说，使用指南针时，相应的指向也会发生改变。

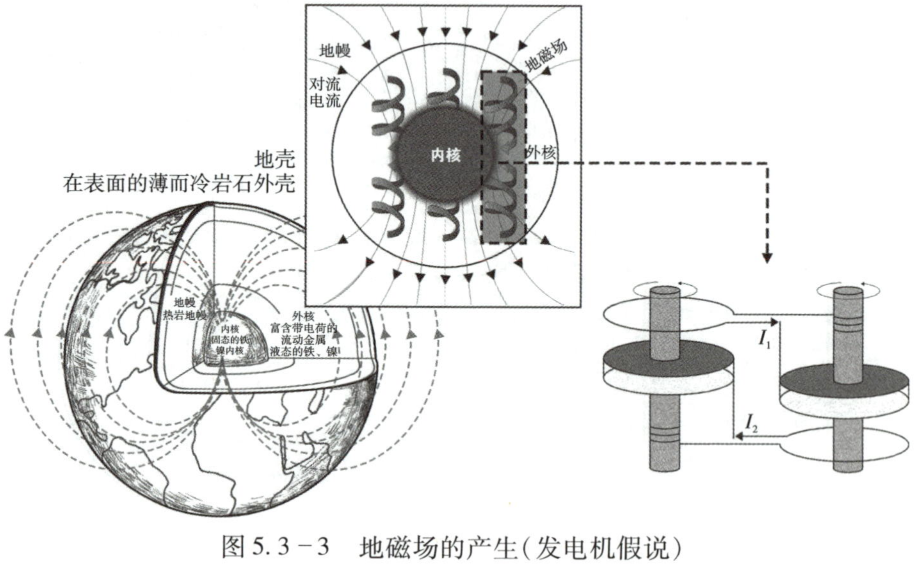

图 5.3-3　地磁场的产生(发电机假说)

小诗：“地势极而南溟深，天柱高而北辰远。”自古以来，人们对天和地的两极有着无限的遐想。如今，站在物理巨人的肩膀上，我们能科学地探索地球内外层的奥妙。尽管地磁场的原理我们还没有找寻到最终的答案，但人类追求真理的钻研精神就像磁针一样，会为我们指明前进的方向。

4 磁石引长针——磁石吸铁现象

小物的日记

磁悬浮列车里屹立不倒的硬币

2022 年 6 月 30 日，晴，湖南省长沙市

长沙好几年前开通了磁浮快线，经过不断修整，今天终于又恢复运营了。根据新闻报道，长沙磁浮快线是国内首条拥有完全自主知识产权的中低速磁悬浮铁路。如此优秀的“中国制造”，让我忍不住来体验一把磁悬浮列车的新鲜。

坐在平稳运行的车厢里，我童心大发，玩起第一次乘坐高铁时做过的游戏：把一枚硬币竖立在窗边，观察它能否屹立不倒。果不其然，当我松手时，这枚硬币已经稳稳当当地在窗边“站岗”了。我突发奇想：如果硬币能思考，此刻它会想些什么呢？

小诗的回忆

矫志中的磁石之喻

这次，我们又要提到之前出现过的主人公——曹植。

曹植的创作大致以建安二十五年(220)为界，分前后两期：前期主要歌唱理想和抱负，洋溢着乐观、浪漫的情调，显露对前途充满信心；后期则主要表达由理想和现实的矛盾所激起的悲愤。他的诗歌，既体现了“哀而不伤”的庄雅，又蕴含着窈窕深邃的奇谲；既继承了汉乐府反映现实的笔力，又保留了温丽悲远的情调。曹植的诗有着鲜明独特的风格，完成了乐府民歌向文人诗的转变。

这首以“矫志之名”写下的诗，抒发了诗人心中热烈的思想活动。不得不说，这位敏感多情的诗人，特别善于借用生活中的现象来比喻说理。

矫志诗(节选)

芝桂虽芳，难以饵鱼。尸位素餐，难以成居。
磁石引铁，于金不连。大朝举士，愚不闻焉。

矫志即厉志，抒写自己处世的志向。“芝桂”以下四句，是说人总应有所作为，不能安居无事。“芝桂虽芳，难以饵鱼”，这两句以芳草不能作鱼食，喻写徒有虚名不能称国士。《太平御览》引《阙子》：“钓之务不在芳饵，事之急不在辩言。”“尸位素餐，难以成居”，意思是占据职位空食俸禄不理正事，难以有所成就。

“磁石”以下四句，是说用人应用贤才。“磁石引铁，于金不连”，借用磁石能吸铁而对其他金属无作用力的特性，喻写朝廷虽急于用人，但并不是所有的人都能顶用。典出《淮南子》:“慈石能引铁，及其于铜，则不行也。”“大朝举士，愚不闻焉”，“举”，提拔之意，“愚”指没有才干的人。表面上说朝廷不会录用蠢才，实际上是说朝廷应该接纳贤才，此乃正话反说，以加强语气。

由此可见，诗人不只是简单地表白自己欲有所作为，而且将怎样才能使贤士有所作为的道理作了阐释，是贤士如何处世之论，也是君王如何用贤之论，抒的是关于治国经纶的恢宏大志。同时，《矫志诗》尝试用议论说理，探索了诗歌创作的多种技法。这预示着议论说理是诗歌发展的一个方向。

本诗在写作上也很有特色，四句一层，每层一个独立的寓意，大体可分为贤士的处世之道，如全身远害、出言谨慎、甘于下位、忠于职守等，以及君主的用人之道，如不受虚言、倚靠贤士、宽容明察等。

这种构思，意义既繁复又鲜明，便于就同一主题集中述及有关思考，意义既相连又有所区别，既可构成长篇又便于作短章阅读，与早期长篇章回小说“虽云长篇，颇同短制”的结构方式有异曲同工之美。

物理意义上的磁石引铁现象，在曹植眼里，成了朝廷纳贤的象征；而“于金不连”的属性，又赋予作者怀才不遇的慨叹。

曹植文采斐然，但他的仕途却不顺。经历了与长兄曹丕的“太子之争”后，曹植告别昂扬奋发的人生阶段，在文学史留下了一个苦闷悲凉的背影。

一千多年后，“磁石引铁”的隐喻，在明代诗人王廷陈那里得到了共鸣，他在《行路难》(其二)中写道:“磁石引铁金不连，饵可得鱼龙不吞。蜡戟难妍不可刺，明珠虽贵不可餐。水中之车，何殊陆地之船。……丈夫虽有磊落才，生不逢时终蒿莱!”

小理的客厅

磁石吸铁的条件和磁屏蔽现象

－小物：《矫志诗》中提及“磁石引铁，于金不连”，讲的是磁石能吸铁而对其他金属没有作用。那磁石为什么可以吸引铁？换作别的材料又为什么不可以呢？

＋小理：其实自然界中的一切物质都具有磁性，根据对外界磁场的响应程度不同，可分为强磁物质（如铁、镍等铁磁物质）和弱磁物质（如铜、金等抗磁物质和铂、铝等顺磁物质）。

铁磁物质最基本的特征是近邻原子的磁矩①，由于内部相互作用而具有相同的方向。在没有外磁场的情况下，铁磁物质内部也会形成若干原子磁矩取向相同的小区域（即磁畴）。由于各个磁畴的磁矩方向不同，物质总体不显示磁性。铁磁物质对外磁场的响应非常强烈，在外磁场作用下，原子磁矩排列变得高度有序，产生同向附加磁场，也就是我们所说的“磁化”。从宏观上看，磁化后的金属与磁石之间作用增强，被磁石吸引。

但是，如果把材料换成铜、金这样的抗磁物质，它内部的合磁矩为零。受到外磁场作用时，它的响应很小，对磁场产生的微弱的排斥力常常可以忽略。因此，它们无法产生足够强的磁场来被磁铁吸引。下面这幅图比较了抗磁物质、铁磁物质和顺磁物质的磁矩在磁场下的变化情况。

---

① 磁矩：描述磁体和电路以及微观粒子磁性的物理量。原子外围的电子一方面绕轨道转动，具有“轨道磁矩”，另一方面可以自旋，具有“自旋磁矩”。

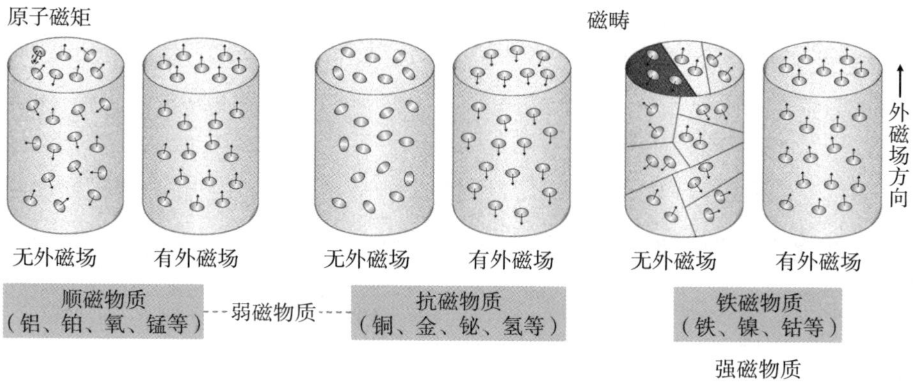

图5. 4－1　磁性物质的分类与基本特征

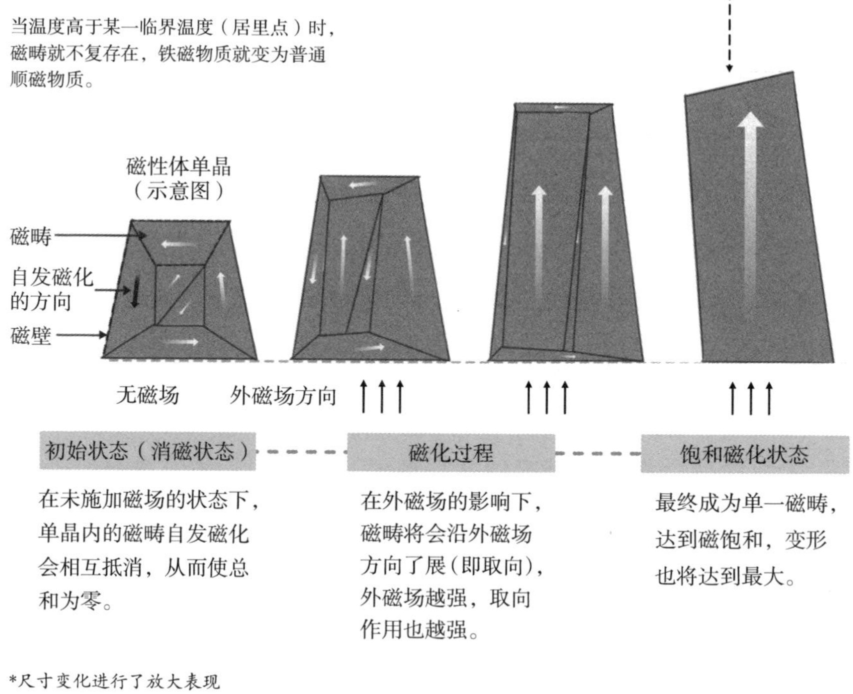

图 5. 4－2　铁磁物质的磁化

-小物：原来如此。既然有“磁化”，我想到与之对应的“消磁”现象。像平时我们的银行卡、购物卡要尽量和手机分开放置，不然很容易“消磁”。

+小理：联想得很迅速嘛。我们生活中所使用的这些卡片往往镶嵌了磁条来储存信息，当磁条接触含有强磁场的物体时，储存在磁条中的信息就会遭到破坏、发生“紊乱”，这种故障俗称“消磁”。虽然手机的确有磁场，不过目前手机磁场不是很强，而且屏蔽性能做得比较好，实际上对磁卡的消磁作用并不明显。预防磁卡消磁，除了避免外力折损外，还要尽可能别贴近电磁炉、微波炉、电视机、冰箱等。此外也要避免温度过高哦。

小诗：俗话说“真金不怕火炼”，看来磁性还是会因为温度升高受到影响啊。

+小理：这就跟磁性物质的温度特性有关了。铁磁物质通常存在居里温度，又称磁性转变点，它是铁磁物质转变成顺磁物质的临界点。这里提到的顺磁性，也是弱磁的一种。顺磁物质不具有自发磁化，但是它们对外磁场也有微弱的响应，会产生与外磁场同向的附加磁场，前面的图中也有所展示。铁磁物质达到居里温度的时候，原子磁矩排列不再有序，转变为顺磁物质。有趣的是，磁性随温度的变化是可逆的。也就是说，当温度降到居里温度以下，物质的铁磁性又会恢复。

小诗：你说的居里温度，这个名字源自我们所熟知的那位居里夫人吗？

+小理：哈哈，其实源自居里夫人的丈夫皮埃尔·居里。19世纪末，他在自己的实验室里发现，加热到一定温度后的磁石磁性消失了，从而引发了一系列的研究与讨论。

-小物：原来如此，相隔一个多世纪的发现至今仍在引发我们的思考与讨论，这或许就是物理学的神奇之处吧！对了，我还想到一个问题，既然磁场可以使金属磁化并“相吸”，那磁悬浮列车又是怎样让它“悬浮”的呢？难道是“相斥”的原理吗？

+小理：你说的“悬浮”，确实就是车体与导轨之间同极相互排斥的直接作用效果。而列车的推进，则是靠“同极相斥”和“异极相吸”的共同作用！实际上，轨道通交流电后，会变成一节节带有N极和S极的电磁铁，与列车上的电磁体相互作用。受交流电的控制，轨道上的磁极会根据列车的前进而不断变化，列车就在交替变换的磁极的推拉作用下前进。

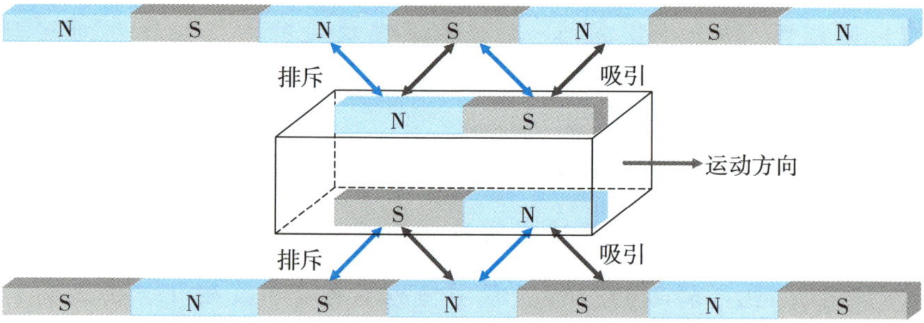

图5.4-3　磁悬浮列车的悬浮原理

小诗：除了调节外在的温度，我们还有其他方法来改变磁石吸铁的属性吗？清初地理学家刘献廷曾在《广阳杂记》中提出“磁石吸铁，何物可以隔之”的问题，是不是提供了一种新的思路？

+小理：当然啦，物理就是不断用实物试验的科学。这里的“隔之”引出了另一个影响因素——“磁介质”，放到现在的磁学知识体系，对应的是“磁屏蔽现象”。想要“屏蔽”磁场，还得用到我们刚刚说到的铁磁物质。实际应用中，有很多敏感的器件容易受到磁场的干扰，这时我们常用铁磁物质将其包裹起来。这样一来，被包裹住的区域中磁场大大减弱，敏感器件受到的磁场干扰大大减小。

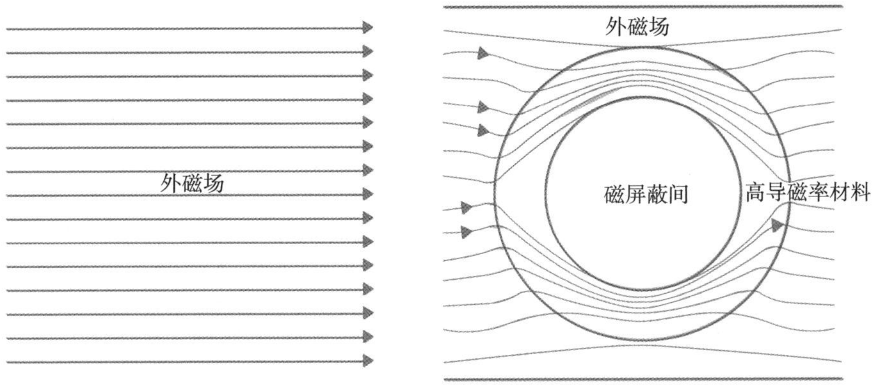

图 5.4－4　磁场屏蔽现象示意图

–小物：没想到能屏蔽磁场的竟是铁磁物质本身，或许这也算是一种以毒攻毒吧，哈哈！

小诗："物无孤立之理。"（张载《正蒙·动物》）古人借磁引力喻写志同道合的关系，追求"同明相照，同类相求"（司马迁《史记·伯夷列传》）。殊不知磁石是"同极相斥"和"异极相吸"的原理，且磁性会受到物质性质、磁场环境和温度的影响。看来要提高个人的吸引力，不仅要具备眼前一亮的闪光点，还要坚守一颗纯洁真诚的心呀！小物，你学会了吗？

5 电影尚连城——电磁波

小物的日记

时通时断的电波

2021 年 11 月 28 日，晴，湖南省长沙市

在母校看露天电影《风声》。1942 年，日军联合汪伪政府，试图利用一则假电报抓住潜伏的中共地下工作者。四处都有窃听器，这么重要的情报，要如何传达？随着情节推进，吴志国躺在手术台上哼唱起《空城计》，我才恍然大悟，这段唱腔暗藏着玄机！镜头一转来到几年后，抗战结束，日本投降。吴志国找出顾晓梦当时缝补的旗袍，发现她将情报转成摩斯电码缝在衣服内侧。这两位情报员，分别用自己的方式传递了这则机要信息。

走在回家的路上，滴滴的电报声仍在我脑中回响。在战争年代，时通时断的电波，有多少到达了彼岸，又有多少淹没在历史的长河中了呢？

小诗的回忆

跨越万水千山传递的心意

在古代，人们还没有能力发现电磁波的存在，但就跨越空间阻隔进行传播的这一特点而言，多情敏感的古人在诗词中有着无比丰富的表达方式。

就拿头顶的明月来说吧，这是一个经常出现又蕴含着万千情感的意象。在没有电话、手机的时代，异乡人时常因难以抒发思念之情而苦恼，有什么东西可以突破万水千山的阻挡，让对方感知自己的心意呢？于是他们抬头仰望，在天空中找到了答案。我含情脉脉地凝视着月亮，月亮接收到我的情意，洒下迷人的月辉，远方的那个人应该能与我感同身受吧。这种“发射信号—接收信号—转发信号”的过程，竟与卫星通信的原理不谋而合。

其中比较出名的表达，是我们耳熟能详的《水调歌头》：“但愿人长久，千里共婵娟。”熙宁九年（1076）的中秋，皓月当空，银辉遍地，苏轼与胞弟苏辙分别后，已经有七年未能团聚了。此时此刻，词人面对一轮明月，心潮起伏，感慨万千，于是趁酒兴正酣，挥笔写下了这首词。虽然有无法团圆的遗憾，有出世和入世的矛盾纠结，但写到最后，苏轼在“共婵娟”中找到了宽慰。这个典故出自南朝谢庄的《月赋》：“隔千里兮共明月。”既然人间的离别是难免的，那么只要亲人健在，即使远隔千里也还可以通过普照世界的明月把两地联系起来，把彼此的心沟通在一起。“但愿人长久”，是要突破时间的局限；“千里共婵娟”，是要打通空间的阻隔。

与此句具备异曲同工之妙的，还有张九龄《望月怀远》中的“海上生明月，天涯共此时”，以及杜牧《秋霁寄远》中的“唯应待明月，千里与君同”。虽然相距千里，天各一方，但也能共享这美好的月光，表达了诗人的祝福和对亲人的思念。

如果说，上述这些诗词描绘的是静态的月亮，那么在浪漫飘逸的李白眼里，月亮则是能以个人意志为转移的传情使者。不信请看：

闻王昌龄左迁龙标遥有此寄

杨花落尽子规啼，闻道龙标过五溪。
我寄愁心与明月，随风直到夜郎西。

王昌龄从江宁丞被贬为龙标县尉。《新唐书·文艺传》载王昌龄左迁龙标尉，是因为“不护细行”，也就是说，他的得罪贬官，并不是由于什么重大问题，而只是由于不注意小节。在《芙蓉楼送辛渐》中，王昌龄也对他的好友说“洛阳亲友如相问，一片冰心在玉壶”，来表明自己的无辜。李白在扬州听到王昌龄被贬的不幸遭遇以后，写了这首充满同情和关切的诗篇，从远道寄给他。

为人称道的便是后两句。“我寄愁心与明月”有三层意思，一是自己心中充满了愁思，无可倾诉，无人理解，只有将这种愁心托之于明月；二是唯有明月分照两地，自己和朋友都能看见她；三是也只有依靠她才能将愁心寄与，别无它法(沈祖棻语)。以明月寄相思，是继承前人约定俗成的表达，但“随风直到夜郎西”，让李白显得与众不同。本来无知无情的明月，通过诗人丰富的想象，竟成了一个富有同情心的人，她将诗人对朋友的深情牵挂带到了遥远的夜郎之西。

也许，“遥有此寄”的李白只是在表达一种希望，希望明月能把友谊的温馨传到身在荒僻之所的王昌龄那儿去。但出人意料的是，这首诗竟真的越过五溪飞到了朋友身边，并给朋友带来了莫大的精神安慰。年代的久远、资料的匮乏已使我们无法看到王昌龄回赠李白的诗作，但从他的其他作品中我们还是可以窥见一二：

莫道弦歌愁远谪，青山明月不曾空。(《龙标野宴》)

青山一道同云雨，明月何曾是两乡。(《送柴侍御》)

人格化的明月，在正能量“爆棚”的李白笔下，成为治愈失意友朋的精神良药。殊不知，李白本人也是另一位诗人牵肠挂肚的白月光。他，就是杜甫。

梦李白二首(其一)

死别已吞声，生别常恻恻。江南瘴疠地，逐客无消息。

故人入我梦，明我长相忆。恐非平生魂，路远不可测。

魂来枫林青，魂返关塞黑。君今在罗网，何以有羽翼？

落月满屋梁，犹疑照颜色。水深波浪阔，无使蛟龙得。

至德二载(757)，李白因参加永王李璘的幕府受到牵连，下狱浔阳(今江西九江)。乾元元年(758)初，又被定罪长流夜郎(今贵州桐梓)。次年二月，李白在三峡流放途中，遇赦放还，回到江陵。杜甫这时流寓秦州，地方僻远，消息隔绝，只闻李白流放，不知已被赦还，仍在为李白忧虑，因而思念成梦，醒而作此诗以寄意。

杜甫与李白于天宝四载(745)的秋天，在山东兖州石门分手后就再没见面，但杜甫一直深深怀念这位红遍盛唐的大诗人。无奈山水阻隔，仅知道李白流放绝域却久无音信，这在诗人心中造成的苦痛，远比如今电话无法接通要沉重得多！

首句运用衬托，“生别”之悲居然甚于“死别”，生死未卜，最费猜疑，用现在的流行语来说，擅长“精神内耗”的杜甫，今夜又要难眠了。好不容易进入梦乡，这位老朋友又走进了杜甫的梦境，“故人入我梦，明我长相忆”，因为你都知道我常把你惦念记忆，杜甫对梦中的李白这样说。能在梦中相见，多少还是有些惊喜，但“内耗”的杜甫突然醒悟，转喜而悲：“恐非平生魂，路远不可测。”难道……见到的李白是他的魂魄？即便这样，老杜还是担心他当前的处境，故人魂魄，星夜从江南而来，与我在秦州相遇，又要星夜而返，来时要飞越南方青郁郁的千里枫林，归去要渡过秦陇黑沉沉的万丈关塞，多么遥远，多么艰辛！过度思虑让杜甫产生了虚实交织的错觉，最后只好叮咛：“水深波浪阔，无使蛟龙得。”这惊骇可怖的景象，是李白险恶处境的象征，这惴惴不安的祈祷，体现了杜甫对故人命运的担忧。

“海内存知己，天涯若比邻。”在通信不发达的年代，消息常常时断时续甚或杳无音信，但人与人之间的真情传递却显得更加刻骨铭心，更加难能可贵。毕竟，情谊深厚，江山难阻。

小理的客厅

今日沙龙话题： 电磁波的证实与应用

－小物：虽然在飞机上需要关闭手机已经成为常识，但一直联系不上朋友的焦急滋味还真是不好受呀！

＋小理：你只是暂时联系不上朋友，如果飞机联系不上指挥部，那麻烦更大呢！飞机依靠无线信号与地面联系以保证正常的航向，而使用手机时会产生电磁波，容易影响飞机的通信、导航系统，威胁飞行安全。

－小物：这电磁波看不见摸不着，却与我们的生活息息相关。“电”和“磁”早已出现在古人的诗句中，而电磁波的概念直到 19 世纪才出现。科学家们到底经过一番怎样的推导和实验，才证实了它的存在呢？

+小理：其实在很长一段时间里，电学和磁学的研究都是相对独立地进行着。直到1820年，丹麦物理学家奥斯特在实验中发现，磁针在电流的作用下转动了。

-小物：我了解过这个实验，把导线平行地放在磁针上方，给导线通电时，磁针会发生偏转，这意味着电流的周围产生了磁场。

+小理：没错，这个现象被称为电流的磁效应，我们现在也经常称它"电生磁"。磁针小小的偏转引发了电学与磁学领域的大震动，这一发现轰动了整个欧洲。科学家们迅速联想到，既然电可以生磁，那么从对称性的角度，磁应该也可以生电。

-小物：法拉第的线圈实验！

+小理：哈哈，看来这个实验的知名度很高啊，"磁生电"确实是由法拉第最先验证的。他在一只软铁环上缠绕两组线圈，在一个线圈接通电池的刹那，另一个线圈中有电流流过。也就是说，第一个线圈接通后，磁场从无到有，由于两个线圈通过铁环连接在一起，引起第二个线圈内磁场从无到有的变化，最终产生电流。

-小物：电生磁，磁生电，这下齐活了。

+小理：且慢，我还得隆重介绍一下麦克斯韦，他可是电磁学领域功不可没的人物。麦克斯韦基于"变化的磁场要产生感生电场，变化的电场也要产生磁场"，提出了一套偏微分方程来表达电磁现象的基本规律，称为麦克斯韦方程组，是经典电磁场理论的基本方程。电与磁其实是一体两面。麦克斯韦在仔细研究方程组后，预测了电磁波的存在。假想我们处在变化的电场中，那么空间中会产生变化的磁场，变化的磁场又产生电场。如同微风轻拂水面产生水波一般，电场能量和磁场能量相互转换，并以波的形式传播。

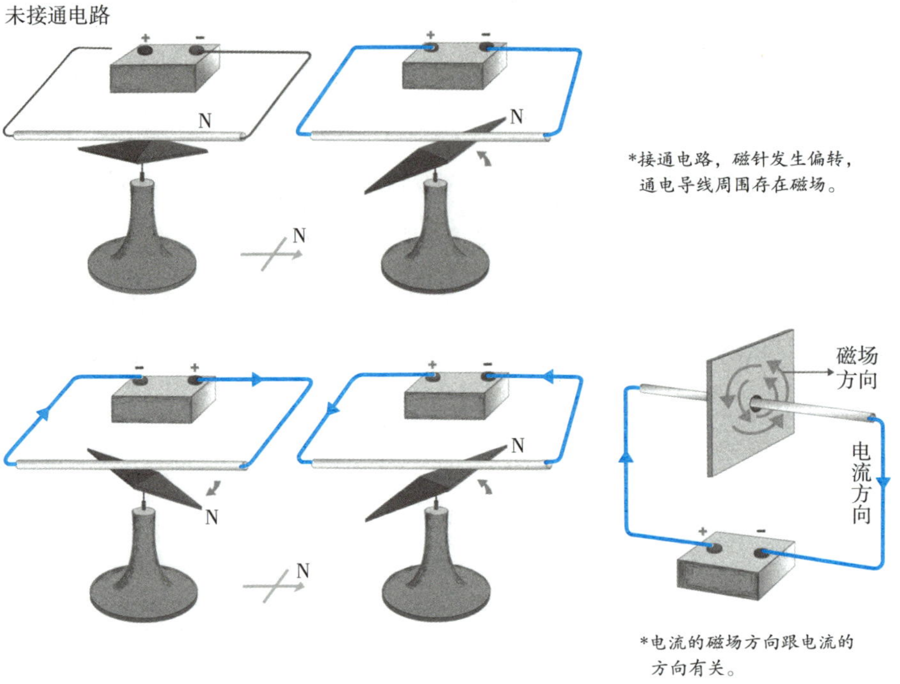

图 5.5－1　奥斯特实验(电流的磁效应，即“电生磁”)

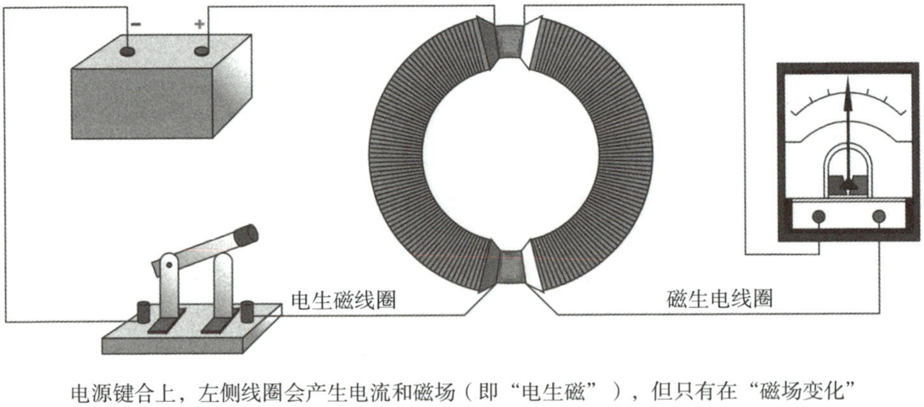

电源键合上，左侧线圈会产生电流和磁场（即“电生磁”），但只有在“磁场变化”（即电源键合上的瞬间），才会在右侧线圈产生“感应电流”（即“磁生电”）。

图 5.5－2　法拉第线圈实验(电磁感应，即“磁生电”)

小诗： 好神奇的描述，但是对我来说确实有点抽象。前面我们提到的“电生磁”和“磁生电”都有直观的实验现象，麦克斯韦有没有通过实验去验证电磁波的存在呢?

+小理： 验证电磁波的另有其人。如果说麦克斯韦的理论是被人欣赏的数理艺术杰作，那么赫兹则让人们相信了麦克斯韦的电磁理论。1888年，赫兹在做一个放电实验时偶然发现了电磁共振现象，证实了电磁波的存在。

-小物： 我的物理 DNA 开始动了，电磁波、声波……看来在物理世界里，“波”是一种常见的形态。其中电磁波和声波的属性有什么区别吗?

+小理： 声音在真空中不能传播，声波的传播需要介质，因为它的本质是机械波，是由于物体振动产生的。而电磁波的传播不需要介质，是以变化场的形式在空间中传播的，在真空中也可以传播。这与传统的机械波是有区别的。

小诗： 文学作品中也有“波”的存在。曹植在《洛神赋》中这样描绘洛水女神的美妙身姿：“体迅飞凫，飘忽若神，凌波微步，罗袜生尘。”“凌波微步”原指女子迈着轻盈的步伐在水波上行走，后来在金庸的武侠名篇《天龙八部》中，变成了逍遥派独创的轻功身法。

-小物： 感觉在生活中，电磁的应用也不少。现在天气冷，我买的早餐常常需要用微波炉加热一下，这个“微波”是不是也和电磁波有关系?

+小理： 思考得挺仔细呀，这个“微波”就是电磁波。传统的锅加热食物时使用的原理是热传导，是用火焰加热锅子，锅子上的热再传递给食物。微波炉加热的原理完全不同，微波炉发出的微波的频率与水分子的振动频率一致，从而引发共振，导致水分子运动越来越剧烈，所以食物的温度变高了。

小诗： 原来如此。那为什么要叫“微波”呢？电磁波还有什么划分大小的标准吗？

+小理： 微波是指频率在300MHz~300GHz的电磁波。电磁波按频率和波长划分，频率从低到高（波长从长到短）可分为无线电波、微波、红外线、可见光、紫外线、X射线和γ射线。一定频率范围的电磁波可以被人眼看见，称之为可见光，或简称为光，太阳光是电磁波的一种可见的辐射形态。电磁波根据频率和波长的不同，具有不同的应用价值。

-小物： 那你快来说说不同频率的电磁波有什么样的用途吧。

+小理： 我借用表格来好好梳理一下电磁波谱的主要成员和常见应用吧。

表5.5-1 电磁波谱的主要成员及常见应用

电磁波谱	常见应用
无线电波	手机通信、卫星通信、导航、定位
红外线	热成像仪、红外制导导弹
可见光	航空摄影侦察与测绘、云图
紫外线	医用消毒、验证假钞、测量距离
X射线	人体透视检查、考古、地球物理
γ射线	切除肿瘤、培育农业新种、食品加工

-小物： 这里的手机通信无线电波，让我联想到现在备受关注的5G

技术。

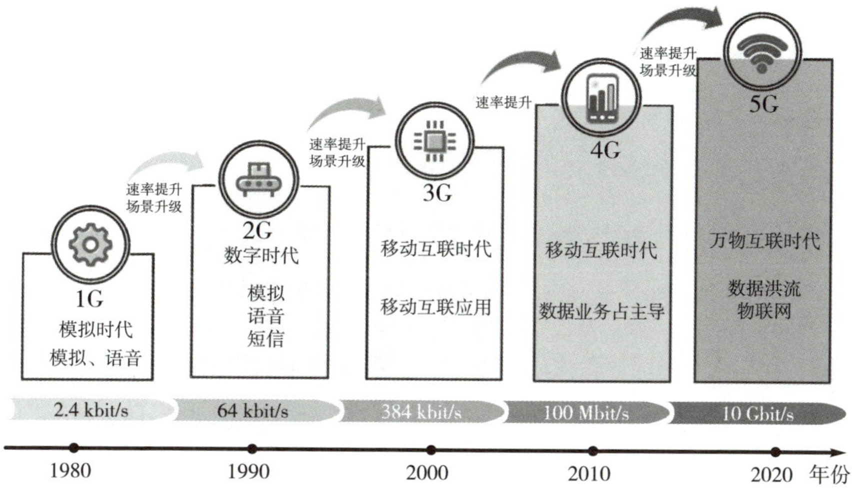

图 5.4－3　移动通信的发展过程

＋小理：通信就是通过电磁波的调制和解调传递信息的，就好比飞机运送乘客的过程一样，飞机相当于电磁波，而乘客相当于有用信息。5G 技术（第五代移动通信技术，5th Generation Mobile Communication Technology）的核心也是基于电磁波传输信息的，它是近几年的国际热点，也是我国目前大力发展的技术。高速率、低延时、大连接是 5G 的关键特点。与 4G 技术只支持中低频不同，5G 同时支持中低频和高频频段。

－小物：我们能感受到 5G 技术的最大特点就是网速快了，这种网速的快与慢受什么因素的影响呢？

＋小理：通俗来说，“网速”指传输信息的速率。首先普及一个知识，波速与波长和频率相关，波速是恒定的，约等于光速，因此不同的波，频率不同，波长也不同[①]。如果运营商使用的电磁波频率越高，携带的

① 波长×频率＝波速

能量就越高，单位时间携带的信息就越密集，也就是所谓“网速越快”；反之，使用的电磁波频率越低，单位时间携带的信息就越少，也就是所谓“网速越慢”。但与此同时，频率增加，波长会减小，波的传播能力会下降。5G为了确保信息传递的速度，使用了相对高频的频段，造成波长减小，因而需要建立更多的基站以保障信息的传递。

小物：怪不得我家里安装网络线路时，师傅给我放了两个“猫”（路由器），一个是4G的，说是传播范围广；另一个是5G的，传播速度快。

小诗：从鸿雁传书到移动通信技术，我们生活的节奏日益加速，接收的信息也呈爆炸式增长，像这样饮茶会话的慢节奏模式愈发显得难能可贵。

第六章 云破月来花弄影

1 独自暗中明——光的产生

小物的日记

盛夏的萤火虫

2022 年 7 月 20 日，晴，湖南长沙

多年前的暑假，父母带我去马来西亚旅行。我们来到红树林沼泽，踏上一条旧木舟。木舟缓缓前行，飞舞的萤火虫突然映入眼帘。船夫拿出蒙着绿布的提灯，一开一关，似乎在传递某种信号。不一会儿，一只只萤火虫向我们飞来，划出一条长长的光带。刹那间，绚烂的星河落入眼中。

我想，千百年来的每一个夏夜，这里都会有萤火虫翩然而来，唤醒绿树，唤醒流水。

小诗的回忆

“在晦能明”的勇气和力量

无边的黑夜，淡淡的萤火流动，闪耀不断，如雨后春笋，破开黑暗，虽熹微却透露着倔强和希望。初唐四大家之一的虞世南曾写过一首《咏萤》：

的历流光小，飘飖弱翅轻。

恐畏无人识，独自暗中明。

诗人借萤火虫虽小而不碍其光华，表达自己即使深处黑暗也要奋力闪烁光明的理想。虞世南一生经历了南朝陈、隋、唐三个时代。隋朝时，虞世南与兄长虞世基同入长安，两人才华横溢，被时人赞许为西晋的陆机、陆云。兄长虞世基入隋后，一心追求功名利禄，趋奉官场，受到隋炀帝的器重，官至内史侍郎，权倾朝野。身处高位的兄长生活奢靡荣华，而虞世南丝毫不为所动，依然躬履勤俭。《新唐书》中说：“炀帝虽爱其才，然疾峭正，弗甚用，为七品十年不徙。”纵使满腹才华无处可施，虞世南也不放弃内心的坚守，仍旧安贫乐道。

隋朝灭亡后，六十多岁的虞世南终于受到赏识。李世民将其引为秦府参军，为秦王府“十八学士”之一，后又被任命为修文馆学士。容貌怯懦、弱不胜衣的虞世南，在入唐后更是秉持着忠直刚烈的性情，直言敢谏，“每论及古先帝王为政得失，必存规讽”(《贞观政要集校》)。贞观九年(635)，唐高祖李渊驾崩，悲伤的唐太宗想要修筑陵墓厚葬高祖，年迈的虞世南劝阻太宗奉行节俭之风，两番上书，直到太宗接受了他的谏言才罢休。太宗颇好打猎，虞世南又劝诫太宗顺应天道，不要因此而疏于政事。身为臣子，虞世南忠心耿耿，甘冒不韪，鞠躬尽瘁。这样的人生经历与处世原则或许就是虞世南吟咏萤火虫的现实投射吧。

在茫茫宇宙中，萤火虫的光芒是那么微小纤弱，但是它并不自卑于小小的身躯，并不胆怯于沉重的黑暗，而是恣意于天地之间，勇敢、尽情地发出光亮，探寻生命的美妙，执着于生命的追求。它绽放的不仅仅是微弱的光点，“恐畏无人识，独自暗中明”，那是一个坚韧的生灵在向黑暗挑战，那是一个刚毅的勇士在绽放人生的光华。

古人看到萤火虫总是栖息在荒凉、潮湿的草丛之间，便有了在《礼记·月令》中的猜测——“温风始至，蟋蟀居壁，鹰乃学习，腐草为萤”，认为萤火虫是腐烂的草木得暑热之气而变，到了阴沉湿润的夜晚便会飞舞。因而这飘浮在草木间的点点光芒总与孤寂、凄凉的场景密不可分，微小脆弱，仿佛稍不留神就会消失不见。

这一荒凉的景致最早出现在《诗经·豳风·东山》中：

我徂东山，慆慆不归。
我来自东，零雨其蒙。
果蠃之实，亦施于宇。
伊威在室，蠨蛸在户。
町畽鹿场，熠燿宵行。
不可畏也，伊可怀也。

这位背井离乡的战士，自远征东山，在外已有三年。走在回乡的路上，漫天飘洒着蒙蒙细雨，眼见归家指日可待，不知道那个岁久未归的家还好吗？想必果子、藤蔓已疯长，地虱、蜘蛛随处横行，早就霸占了那个老房子吧？门前田地间应该也是杂草丛生，鹿迹斑斑吧？不见久违的家乡灯火，夜晚只有那飞跃其间的幽幽萤火在闪耀了吧？

这样荒芜、残破、清冷的景象可怕吗？不，那是战士深深思念的老屋，那萤火是战士梦境中唯一可见的光芒，萦绕着前方的家乡，点亮了他心底沉积已久的乡愁。

西晋傅咸曾在《萤火赋》中写到与萤火虫的一次偶遇，那是一个寂寥的夜晚，愁思辗转缠绕心头，让他无心睡眠，就在这时，不经意间一回头，只见一群萤火虫翩然飞舞，眼前随之一亮，心头的苦闷也顿然消散。萤火虫“不以资质之鄙薄兮，欲增辉乎太清。虽无补于日月兮，期自照于陋形”，自己又何必争光逐利呢？萤火虫“晦而能明”，那作为一名贤臣，自己又何必在乎疏远和排挤呢？不更应如萤火虫一般，即使在艰难时刻也要尽心竭力忠于国家吗？

在古典诗词中，萤火虫有着许多美丽的名字：流萤、夜光、熠燿、景天、夜照、宵烛……它总是与黑夜同行。在骆宾王的《秋晨同淄川毛司马秋九咏·秋萤》中，它的光芒“含辉”“带火”“散彩”“飘花”；在杜牧的《秋夕》中，“银烛秋光冷画屏，轻罗小扇扑流萤”，它们是这寂寞后宫悠长的夜中最灵动的身影；在车胤贫寒的家中，它们是夏日夜晚照亮书卷的明灯……

在萤火虫众多名字中，最让我动心的还是“照夜清”。心中有信念的人，仿若照彻暗夜的光，烛照前路，勇往直前。它们用一生燃放了柔弱而不卑微的生命之光，那点点萤火流动的轨迹汇成了灿若星辰的图谱，那是黑暗世界的光明和希望。正如泰戈尔在诗歌中所说：“你冲破了黑暗的束缚，你微小，然而你并不渺小，因为宇宙间一切光芒，都是你的亲人。”

小理的客厅

今日沙龙话题：为什么萤火虫发光却不会发烧呢？

-**小物**：小时候在乡下奶奶家，晚上经常可以看见萤火虫在草丛中飞舞，现在，在农村也很少看到萤火虫了，在城市就更是无迹可寻。

+小理：是的，现在城乡发展飞快，土地开发、环境破坏、人工光源污染使得萤火虫的生存环境每况愈下，导致萤火虫大量减少甚至消失。萤火虫属于环境指示性生物，对生存环境要求极高，尤其是对水污染、光污染特别敏感。它们只能在植被茂盛、水质干净、空气清新的自然环境中生存。

−小物：法国昆虫学家法布尔被誉为“昆虫界的荷马”，他在《昆虫记》中说，萤火虫的光亮产生于它的呼吸器官，这听起来也太神奇了。

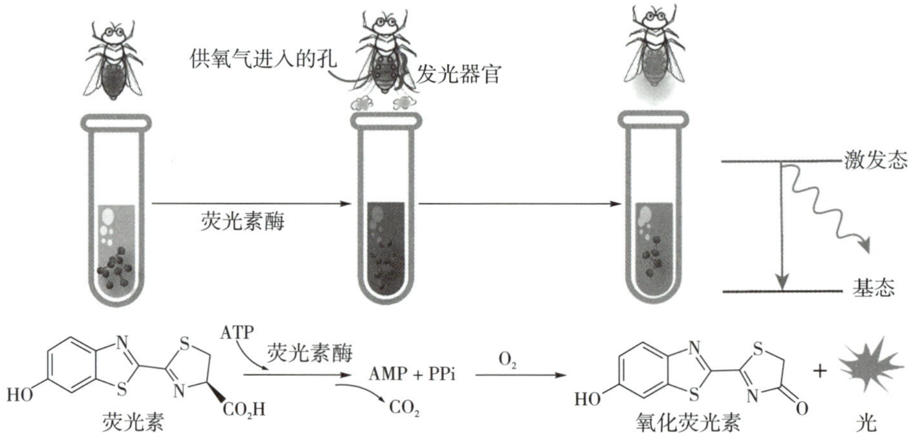

图 6.1－1　萤火虫体内发生的化学反应生成激发态荧光素及发射荧光示意图

+小理：那我就给大家解释一下萤火虫是怎样发光的。萤火虫主要由头部、胸部和腹部三部分组成。它的腹部末端有上千个发光细胞，在这些细胞中含有两类化学物质：一类是荧光素，它是一种含磷的发光质；另一类为荧光素酶，简单来说就是催化剂。如图6.1－1所示，荧光素在荧光素酶的催化下和氧气发生反应，生成激发态的氧化荧光素，具有较高的能量。它会自发地从激发态向基态跃迁，释放能量，发出荧光。这种跃迁其实就是从一种较高的能量状态转移到一种较低的能量状态，以光的形式释放能量。换句话说，萤火虫发的光和世界上的所有光源一样，都是一种能量的释放。①

－**小物**：原来如此，萤火虫的光忽明忽灭，就是因为萤火虫在呼吸呀，它吸入氧气越充分，产生的化学反应就会越强烈，光也就越明亮；当氧气含量越少，光亮就会变得越微弱。真是充满生命力的“闪光”。

＋**小理**：其实可以说所有的物体都在“发光”。从能量的转化角度看，任何温度高于绝对零度的物体，从高的能量态向低的能量态发生辐射跃迁，就会向外辐射电磁波，也就是发光。

小诗：物体温度高于“零度”就会向外发光?

＋**小理**：可以这么说，但这个“零度”并不是我们理解的 0 ℃。它是绝对零度，即 −273.15 ℃。在这个温度下，构成物质的所有粒子都将停止运动。但实际上，任何物体的温度都不能达到绝对零度，所以我们说，万物其实都在发光，只不过很多物体发出的光并不在可见光波段，因而我们肉眼看不到。当发光在可见波段时，如果物体温度较高，发出的光就会偏向蓝色；当温度更高，就会辐射出我们看不到的紫外线。如果温度较低，发出的光则偏向红色，比如通常看到的红色火焰；当温度更低，就会辐射出我们看不见的红外光。因此，热辐射光源的颜色与温度有对应关系。

---

① 萤火虫体内的化学反应在其腹部的尾部发生，这个部分就类似于我们做化学反应实验的试管，或者叫反应池。反应物之一主要是荧光素，在荧光素酶的催化作用下，通过消耗三磷酸腺苷(ATP)“加热”生成的荧光素化腺苷酸。这种荧光素化腺苷酸和胸腔进入的氧气会发生氧化反应，生成处在高能激发态的氧化荧光素。这种氧化荧光素从激发态向基态跃迁就会发出黄绿光。

小诗：我们常常看到铁匠敲打着烧灼得通红的铁块，是温度达到了发红光的那个范围吗？

+小理：是的，铁块在烧灼之前就一直在发光，只不过是我们看不见的红外光。当加热到600 ℃时，我们就能看到它开始发出暗红色的光。这是因为物体温度在500～800 ℃时，热辐射中最强的波长成分在可见光区。

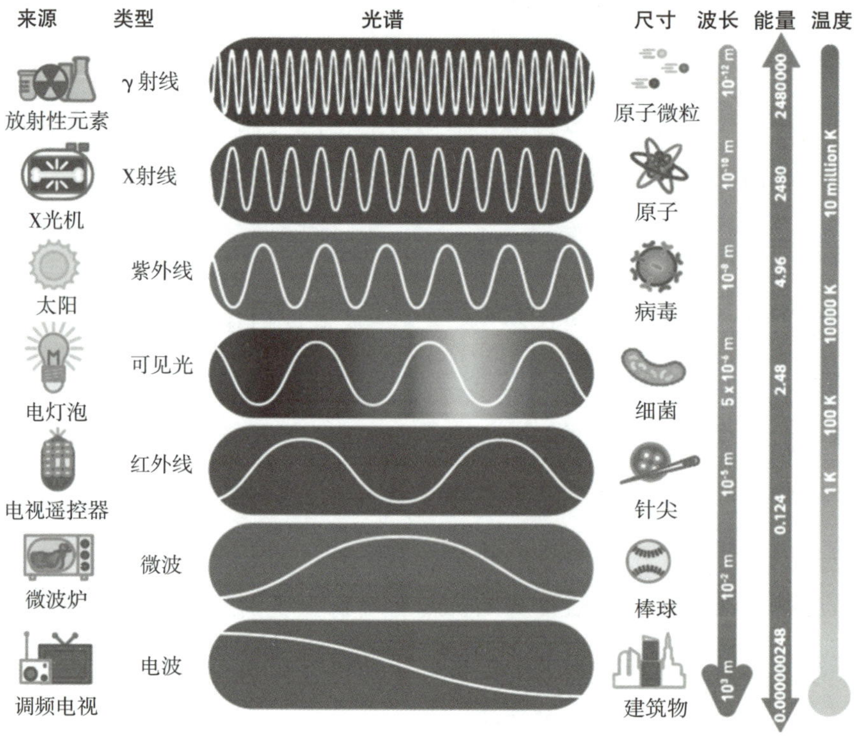

图6.1－2　不同物体发光波长及对应的温度示意图

－小物：是波长决定了物体发光的颜色吗？

+小理：是的。物体发光颜色对应特定波长的光。我们肉眼可以看到的光波长大约在380～780 纳米。萤火虫所发出的光是黄绿光，正处在这个可见光波段。

小诗：我记得宋代僧人文莹在《湘山野录》中记载过这样一幅画牛图，白天的时候，画中那牛在栏外吃草，但是等到晚上再看，画中的牛就在栏内躺卧。

+小理：这是因为画家用普通的颜料画了栏外的牛，再用含荧光物质的颜料画栏内的牛，导致其中一头牛昼隐夜显的效果。这幅画中使用的荧光物质，其实白天也发光，只是不明显；到了夜晚，就很容易看到了。萤火虫是一个生物发光器，和荧光物质发光还是有所不同，因为萤火虫的发光可控，它们在白天可以不发光。

–小物：所以，我们在演唱会上挥舞的荧光棒其实白天也在发光。

小诗：清代科学家郑复光说“光热者为阳，光寒者为阴。阳火不烦言说矣。阴火则磷也、萤也、海水也，有火之光，无火之暖”，可见古人对于光源已经有了一些值得称道的认识。

+小理：是的，光源有热光源和冷光源之分，而萤火虫是冷光源。萤火虫其实是一个发光效率非常高的“灯泡”。萤火虫发光时，所释放的能量95%是以光的形式释放，只有极少部分以热的形式释放。因此，萤火虫不会把自己烧死，我们抓萤火虫放在手心里，也不会感到烫手。

–小物：那有没有利用萤火虫的发光原理进行一些仿生设计呢？

+小理：当然有。早期普遍使用的白炽灯是利用电流的热效应发光，当温度上升到一定程度使得原子释放可见光波段的光，但同时也产生了大量的热，因而白炽灯很烫手，输入电能转化为光能效率也只有10%左右。萤火虫的发光效率启发了人们研制更高效率的电灯，比如荧光灯，也就是日光灯。它的电能转化效率比白炽灯高20%左右，我们用手触摸荧光灯时，也没有白炽灯烫手。现在人们开发了发光效率更高的LED

灯，几乎可以直接把电能转化为光能。目前，有的LED灯可以将大约95%的电能转化为光能，产生很少的热量，因而摸上去几乎不热。

小诗： 有了灯以后，人们的白日时光就得到了无限延长啊。古人没有电灯，不过夜色降临后，燃起一根红烛就能让他们欣然起行。李白的《春夜宴从弟桃花园序》有云："夫天地者万物之逆旅也；光阴者百代之过客也。而浮生若梦，为欢几何？古人秉烛夜游，良有以也。"好在有烛火，如此才不负良夜啊。

－小物： 那萤火虫发光是因为夜晚看不见，需要发光给自己照明吗？应该不是吧。是不是也像孔雀开屏一样，是一种求偶行为？

＋小理： 现在认为萤火虫发光主要有两种用途，一是求偶，二是御敌。在动物界，"长得美"和拥有特殊技艺的通常是雄性，"喜欢美"的是雌性。萤火虫中绝大多数是雄虫有发光器，而雌虫无发光器或发光器不发达。如果雌性不会发光，雌性萤火虫就会通过雄性萤火虫的发光频率和强度来判断其是否是自己的同类，主动向雄性萤火虫靠近；如果这类雌性萤火虫本身也会发光，就会闪光回应，暗送"秋波"。雄性萤火虫的发光强度、飞行速度、飞行距离和飞行持久时间都能反映它的健康程度，健康指标高的萤火虫在夏日夜晚更容易吸引雌性萤火虫的关注，快速找到"佳偶"，从而求偶成功。

－小物： 我记得曾经看到，萤火虫有时候会簇成一团飞舞，而且忽慢忽快，节奏很同步，就像在传送密码信息。

＋小理： 确实有这种有趣的现象，但是现在还没有研究表明这种闪光的快慢有密码信息[1]。萤火虫的飞行和闪光频率本来是非常自由和无规律的，但是当遇到大量同伴，每一只萤火虫的闪光频率都会对它周边的萤火虫有影响。当个体受到身边萤火虫闪光的影响时，就会及时调整自己的闪光频率，最终所有萤火虫的闪光频率都会趋于一致，形成仲夏夜晚一道美丽的风景。

小物：我记得法布尔在《昆虫记》里还提及，萤火虫从生到死，一直都是发着光的，甚至连它的卵也是发着光的。真是闪亮的一生。

小诗：是这样的，很难想象没有光的世界将怎样。抬头仰望星光，观察天象，思考宇宙；低头凝视烛光，凝思冥想，秉烛夜谈。清晨一缕耀眼的阳光，可以点燃我们心中的梦想；夜晚窗外皎洁的月光，会让我们思念远方。从月亮这盏神话中的天灯，到手里熊熊燃烧的火把，到羊皮裹着的萤火，到噼啪作响的油灯、蜡烛……这些光点亮了我们的前行之路。其实，我们何尝不是像萤火虫一样，用一生在“发光”，求得“佳偶”，照亮人生呢？

---

① 付新华、王俊刚、Ohba Nobuyoshi 等：《萤火虫（鞘翅目：萤科）两性交流中的闪光信号》，《生态学报》2005 年第 6 期。

2 夜限灯影弄先生——光的直线传播

小物的日记

光影之间摇曳的美好童年

2023 年 1 月 30 日，晴，湖南长沙

晚饭后，我带外婆看《流浪地球 2》，让她体验了一把 IMAX 科幻盛宴。外婆说，她小时候看过的“大片”也很震撼。

外婆家住城郊，没什么娱乐项目，如果有谁家里办大寿或祈福还愿，会邀请手艺人演一场影子戏。手艺人在晒谷场上搭好戏台，支起布幔，并在布幔后边吊一盏灯。待锣声一响，演出便开始了，一个个人物在幕布上翻舞，栩栩如生。

外婆说，有一次看完影子戏，她躺在床上回想那些有趣的画面，突然外屋的灯光从门缝中漏了进来，落在床边，她伸手去摸，只见墙上出现了一只手，她顿时睡意全无，用手扮演兔子、孔雀、小鸟……

原来外婆也有如此闲散浪漫的时刻。总是看到她风风火火地忙碌，我都忘了她也曾是一个小女孩，也曾把时光流连于迷幻的光影之间。

小诗的回忆

夜隅灯影愈人心

“是邪，非邪？立而望之，偏何姗姗其来迟！”

这让人心碎的相见，是一对有情人生离死别后借着皮影戏的重逢。夜深人静，汉武帝端坐于方帷之中，痴痴地望，痴痴地等，期盼着心心念念的李夫人来到眼前，等来等去，只见一女子乘着烛光缓步而来，汉武帝欲上前细看，无奈被一方帷帐阻挡，可远望却不可亲近。

是你吗？我心爱的夫人。不是你吗？为何神貌又与你如此相似。你知道我在这里等你、念你吗？为何你还是姗姗来迟呢？

汉武帝与李夫人的初见源于一首歌，歌中唱：“北方有佳人，绝世而独立，一顾倾人城，再顾倾人国。宁不知倾城与倾国，佳人难再得！”

那是一次宫廷宴会，伴着悠远而凄美的音乐，宫廷乐师李延年在汉武帝面前倾情演唱了这支动人的歌曲。曲中人那遗世独立、荡气回肠的美让汉武帝心动不已，他不禁发问：世间真的有这样的人吗？汉武帝的姐姐平阳公主回答：延年的小妹便是啊。汉武帝一听，立即召见。当看到李夫人的那一刻，汉武帝惊为天人——世间果真有如此美丽的女子，不仅倾国倾城，还能歌善舞，于是将其带入宫中。

李夫人入宫后，宠冠六宫。《西京杂记》中写道：“武帝过李夫人，就取玉簪搔头。自此后，宫人搔头皆用玉，玉价倍贵焉。”为了能如李夫人一般获得皇帝青睐，得到无上荣宠，李夫人成了宫人们争相模仿的对象，可见其得到的爱怜让人何等艳羡。

可惜天妒红颜，李夫人为汉武帝生下一个儿子后，就一病不起。她病危时，汉武帝亲自来探视，李夫人却以被蒙面，不想让汉武帝看到自己病中憔悴的样子。为了让汉武帝保留最美好的记忆，直到生命的最后一刻，李夫人都未见汉武帝。李夫人逝世后，汉武帝悲伤不已，以皇后之礼安葬她，还在甘泉宫中悬其画像，时时观看，可终究难抵心中思念。

武帝听闻方士齐少翁会招魂之术，便召其为李夫人招魂。齐少翁夜张灯烛，在宫室内设下帷帐，摆好酒肉。一时间，武帝依稀看到了李夫人的身影，欣喜不已，正欲上前与其一叙别情，就在掀开帐子那一刻，李夫人飘然消失。“魂之不来君心苦，魂之来兮君亦悲。背灯隔帐不得语，安用暂来还见违。”分离后的每一分每一秒都期盼着再与你相见，如今我们得以再见，你容颜依旧，可相见后的每一分每一秒却更让人伤悲，我能触摸的只有这铺满了光的纱帐，我能听到的只有这深夜的寂静，没有你温热的肌肤，没有你柔情的呼唤，这是真还是幻？你终究还是要离开的吧？

面对心爱之人的离去，伤心的又何止汉武帝呢，唐玄宗对杨玉环的思念如出一辙。《长恨歌》中那“回眸一笑百媚生，六宫粉黛无颜色”的杨玉环深得唐玄宗的宠爱。安禄山率兵造反后，唐玄宗仓皇逃向西南，就在一行人逃亡到马嵬坡时，随行的将士爆发起义，杀掉了时任宰相的杨国忠，又将矛头指向了杨国忠的妹妹——杨贵妃，要求处死杨贵妃以正纲纪。唐玄宗不愿可被逼无奈，只能赐死杨贵妃，一代佳人就此香消玉殒。痛失了美貌绝伦的杨贵妃，唐玄宗心如刀割，想尽一切办法寻访她的踪影却无果。“夕殿萤飞思悄然，孤灯挑尽未成眠。迟迟钟鼓初长夜，耿耿星河欲曙天。”从此，这深深宫苑的夜晚只有这流萤、孤灯、星光伴着他迎来黎明。《长恨歌》中的唐玄宗也曾效法汉武帝，以方士招魂的形式期盼与杨贵妃再见。

相守与别离，执着与割舍，恋人间的悲欢离合总是那样动人心弦。每一次的相遇、相知、相守都是那么美好珍贵，而每一次的生离、死别又是那么令人痛心无助。人生际遇无常，没有最优的选择，也没有完美的爱情。光影在帷帐、在每一个夜晚幻化出的万千模样，或许不能解决心底最深沉的痛，但足以给为爱所困的人些许慰藉。

小理的客厅

今日沙龙话题：影子与光的直射

－小物：不得不说，古人观照万物，不仅认识到光和影的关系，还借此营造出如此梦幻又栩栩如生的效果，就像我们现在看电影一样，真是浪漫又机智。

＋小理：古代方士所谓的招魂之术其实就是皮影戏。说来皮影戏还真是电影发明的先导，它利用的就是小孔成像的原理。

小诗：小孔成像？早在公元前4世纪，墨子和学生就利用针孔和暗箱进行研究，做了世界上第一个小孔成像的实验呢。

－小物：那可比西方早了一千多年。我记得以前在学校做过这个实验，将一个带有小孔的纸板放置在墙与蜡烛之间，墙上就会形成烛焰倒置的图像。

＋小理：对，就是这个，从中我们能看出光线是沿直线传播的。当小孔相对于发光物来说很小时，比如说光源是蜡烛的亮光，而小孔的直径为几毫米时，烛光的上沿通过距离一米的小孔，会在小孔后的屏下方投出亮影，烛光的下沿通过小孔，会在小孔后的屏上方投出亮影，因此就形成倒立的“影像”。此时，倒立的像和光源的形状是一致的。

－小物：那么当孔变大，墙上的图像会有什么变化呢？

＋小理：当小孔扩大后，比如说直径为几厘米，如矿泉水瓶口大小时，蜡烛光的上沿和下沿都能顺利通过这个孔，则会在屏上形成一个模糊的光斑，这就是孔在屏上形成了“影像”。此时，光斑的形状和小孔的形状一致。

小诗：盛夏的晚上在大树下乘凉，也会看到月色穿过树缝投下斑驳的影子。朱自清《荷塘月色》中的这段描写，我觉得一点也不逊色于古典诗词的意境：“月光是隔了树照过来的，高处丛生的灌木，落下参差的斑驳的黑影，峭楞楞如鬼一般；弯弯的杨柳的稀疏的倩影，却又像是画在荷叶上。塘中的月色并不均匀；但光与影有着和谐的旋律，如梵婀玲上奏着的名曲。”这段话描述的就是这种现象吧？

＋小理：没错。月球虽然磅礴无比，直径约 3476 千米，但离地球上的大树太远了，超过 38 万千米，所以它的相对大小并不大。如果树缝足够小，投射下来的就是圆形光斑，即月球的像；但如果风吹过，树缝变大了，投射下来的可能就是各式光斑，因为这就是树缝的投影了。

－小物：这就跟咱们看的皮影戏类似了吧，只不过小孔透光，月球的光穿过小孔形成月球的像，而皮影戏的那些皮影挡住了背景光，在幕布上留下各式各样的影子。

＋小理：这里咱们要注意一个细节，就是要严格区分“影”和“影子”。我们都知道，影子是由于光的直线传播被阻挡了的部分，而“影”通常指的是水面或者镜面上的倒影，是光的反射的结果。

－小物：那在自然界中，是不是只要有光，所有的物体都有影子呢？

＋小理：可以这么理解，不过影子并不是一个实物，而是没有光照射的区域。光沿直线传播，因为身体的阻挡，所以地上有部分区域，光不能直接照射到，对比有光照射的地方，呈现出黑色的样貌。这黑色并不是某个物体，而是没有光这种现象而已。

-小物：这样说来，影子其实是光线强与弱的一个相对概念。光让万物更清晰地呈现在我们眼前，而影子就让它们更加立体。我们常常能在西方传统绘画中看到光影的运用，那是画家们表达空间感最直观的方式了。

小诗：中国古人的山水画中对“知白守黑”的运用，似乎也与此有异曲同工之妙呢。你看它也是通过一种明与暗、虚与实结合的技法来表现，最终不仅再现出疏密有致的视觉空间，而且能传达出画家主观意识的想象空间。

+小理：对，影子实际上是人类感受世界的一种主观理解，那些黑影你无法触摸，也无法拿起。它没有质量，也没有动量，更不能和别的物体相互作用。所以，虽然形影不离，但“影子并不存在”。

-小物：不过，虽然影子从质量、动量看，不是客观的物质存在，但就像是汉武帝在帷帐上看到李夫人的投影，在主观世界里，影子给了这些悲伤孤独的心灵一些寄托与安慰呀。

小诗：是的，在古代，人们常常给影子赋予生命。大诗人李白曾写道：“我歌月徘徊，我舞影零乱。”影子非但不是一个虚无的东西，还能与他在月下举杯共酌呢。

-小物：哈哈，李白可是被称为“诗仙”的豪迈游侠啊！

小诗：其实每个人的影子不止一个，影子与影子之间是不是也会纠缠？《酉阳杂俎》中记录唐代有一个道士叫郭采真，他说多放置蜡烛，一个人最多能有九个影子，每个影子都有自己的名字。那光源越多，影子会怎么样？

+小理：影子只是无光照射区域的称呼。如果将一支铅笔立在台灯前面，那光源的背面将出现黑色的影子。但如果你同时打开附近的另一盏台灯，铅笔周围会形成两个影子。假设两盏台灯靠得比较近，铅笔周围那两个影子就会发生交织，是两个相叠而不重合的影子。两个影子相叠部分完全没有光线照射到，是全黑的，这就是本影；本影旁边只有一盏台灯可照到的地方，就是半明半暗的半影。

小诗：这让我想到《庄子·齐物论》中影子和半影的一段特别好玩的对话，影子叫景，半影叫罔两。因为罔两总被景影响，变来变去，有一天罔两就责怪景，说他没有原则，原先是走着的，现在又停下，以往都是坐着的，如今又站起来。景听了之后委屈得不行，回答："吾有待而然者邪？吾所待又有待而然者邪？"罔两固然内心迷茫，那景又何尝不是身不由己呢？

+小理：哈哈，罔两和景就像是被一个无穷尽的锁链绑定了，确实很苦恼。实际上呢，当光源越来越多，影子越来越多，完全没有光照的地方就会缩减，也就是本影区域逐渐变小，而半明半暗的半影会越来越多。如果我们将光源围绕铅笔一圈，那么铅笔附近每一个区域都有光照射，本影完全消失，半影也淡得看不见了。所以，光源越多，影子会越淡，最终消失。

-小物：啊，原来是这样，那我们在电视剧里常常会看到手术室悬挂着无影灯，是不是就用的这个原理？

+小理：是的，它就是将发光强度很大的灯在灯盘上排列成圆形，合成一个大面积的光源。这样，就能从不同角度把光线照射到手术台上，既保证手术视野有足够的亮度，同时又不会产生明显的本影。

－小物：在这里，影子越少越能帮上大忙；在炎炎夏日，树荫下又是人们乘凉的好地方。光影不同的状态，都有它独特的价值。我记得古时候，人们还通过测量日影来计算时间。

＋小理：第一个算出地球圆周长的方式也是通过光和影呢！两千多年前，古希腊地理学家埃拉托色尼发现，塞恩城每到夏日正午的时候，太阳会照到井底，如果说地球是平面的话，那所有地面上的直立物都应该没有影子。但是，离塞恩城800千米外的亚历山大城，地面上的直立物却有一段很短的影子。这不仅说明地球是球形，他还从中测算出地球的圆周长约为4万千米，跟实际地球圆周长40076千米非常接近。

－小物：俗话说“先闻其声，后见其人”。为什么声音能穿墙而过，光却不行呢？

＋小理：人耳能听到的声音的波长大约是0.017～17米，而人眼能看到的光的波长仅仅为380～780纳米。你想想，1纳米比单个细菌的长度还要小得多，可以看出声音能绕过的障碍物尺寸量级远比光大得多。有人做过实验，如果光波要绕过障碍物，要求这个障碍物的尺寸最好能接近一根头发丝的厚度。你看头发丝很难在阳光下留下影子吧？就是因为头发丝太细了，以至于光可以绕过它。

－小物：这就是光的衍射吧，就像声音绕过障碍物发生衍射一样。

＋小理：哈哈哈，没错。看来你能融会贯通了。

3 荡摇浮世生万象——光的折射、反射

小物的日记
海市蜃楼

2022年8月20日，晴，山东烟台长岛

清晨的霞光洒在环岛公路上，轻柔的风卷着海洋的气息扑面而来，我来到林海烽山，守候尤为期待的景致——海市蜃楼。

眼前海天茫茫，我突然想起巴尔蒙特的诗："我来到这个世界为的是看太阳，/和蔚蓝色的田野。/我来到这个世界为的是看太阳，/和连绵的群山。/我来到这个世界为的是看大海，/和百花盛开的峡谷。"可惜，直到夕阳万里，千帆归航，我也没等来海市蜃楼。不知《聊斋志异》中描写的山市到底有多震撼，楼宇中的人是否真那样清晰可见。

小诗的回忆
苏轼和他的《登州海市》

与长岛隔海相望的蓬莱，也就是古城登州，曾有一人在此渴望一睹海市奇观，并写下《登州海市》一诗，他就是苏轼。

登州海市

东方云海空复空，群仙出没空明中。
荡摇浮世生万象，岂有贝阙藏珠宫。
心知所见皆幻影，敢以耳目烦神工。
岁寒水冷天地闭，为我起蛰鞭鱼龙。
重楼翠阜出霜晓，异事惊倒百岁翁。
人间所得容力取，世外无物谁为雄。
率然有请不我拒，信我人厄非天穷。
潮阳太守南迁归，喜见石廪堆祝融。
自言正直动山鬼，岂知造物哀龙钟。
伸眉一笑岂易得，神之报汝亦已丰。
斜阳万里孤鸟没，但见碧海磨青铜。
新诗绮语亦安用，相与变灭随东风。

元丰八年(1085)，蓬莱阁建成24年，默默矗立在濒海的丹崖山巅。此时，遭贬谪的苏轼重新得到起用，奉朝廷之命出任登州知州。当他风尘仆仆地来到这座偎山抱海的古城，登上高耸的蓬莱阁，眺望苍茫的大海，他不禁想起那早有耳闻的海市蜃景。

尚在徐州时，苏轼为好友孔宗翰的《虔州八境图》作诗篇，写道："云烟缥缈郁孤台，积翠浮空雨半开。想见之罘观海市，绛宫明灭是蓬莱。”“之罘”即登州辖内的之罘山，看到画中烟波浩渺、云雾缭绕的郁孤台，苏轼顿时就对世传宛如仙境的登州海市浮想联翩，心驰神往。

然而刚上任五天，苏轼又接到一纸诏令，命他启程回京，担任礼部郎中。这短暂的停留还能看到那奇妙的景象吗？听当地老百姓说，海市蜃楼常见于春夏之交，而此时已是初冬时节，岂不是空想。可见不到这向往已久的海市该多么遗憾，于是苏轼便在海神庙虔诚祈祷，祈求东海龙王把冬眠中蛰伏的鱼龙唤醒，使它们兴云作雾，幻化出海市蜃楼让他临行前得以亲见。

在古人的浪漫想象中，蜃景虚幻奇异的属性，往往让人倾向于相信其中有着神秘的力量。《长恨歌》中写：“忽闻海上有仙山，山在虚无缥缈间。楼阁玲珑五云起，其中绰约多仙子。”失去杨贵妃的唐玄宗朝思暮想，派人上天入地觅其踪迹，终于在海上的蓬莱仙山上寻得。

《西游记》中，孙悟空曾对唐僧说：“你知道‘龙生九种’，内有一种名‘蜃’。蜃气放出，就如楼阁浅池。若遇大江昏迷，蜃现此势。倘有鸟鹊飞腾，定来歇翅。那怕你上万论千，尽被他一气吞之。”“蜃”是一尾蛰居海底的神龙，不明就里者误入其中，便会被其吞噬。

除此之外，海市蜃楼还被古人想象成由一种海中贝类生物喷吐雾气所化而成。清代画家聂璜的《海错图》中描画的正是一只大蛤蜊吐着盘旋而上的雾气，亭台楼阁即在这雾气中悠然显现。

“荡摇浮世生万象，岂有贝阙藏珠宫。心知所见皆幻影，敢以耳目烦神工。”苏轼心知迷人的海市不过是幻影一场，不知神灵真的会为他显现，让他如愿以偿吗？

第二天，当他来到蓬莱阁，浩瀚无际的大海上竟真的出现了一个仙境——重重叠叠的楼台、苍翠连绵的山峦影影绰绰，在这个岁暮天寒的清晨忽隐忽现，即使是见多识广的人都感到震惊。

看到如此景致，苏轼的思绪如浪潮翻涌，感慨万千。

早年与推行新法的宰相王安石政见不合，苏轼自请出京，至今已有十余年。元丰二年(1079)四月，苏轼调任湖州知州，却不想因为一封《湖州谢上表》，成了官场斗争的牺牲品。“新党”人士御史中丞李定等人搬弄是非，接连上奏，弹劾苏轼讥讽朝政，指责皇帝，谩骂大臣。苏轼就此遭到逮捕，拘于御史台。这就是当时轰动一时的“乌台诗案”。

苏轼被监禁在御史台监狱一百多天，诸多朝廷元老纷纷上疏劝谏神宗不要杀苏轼，连昔日的政敌王安石也上书说：“岂有圣世而杀才士者乎?”最终，苏轼免于死罪，法外特责，贬为黄州(今湖北黄冈)团练副使，本州安置，无权签署公文。一时间，苏轼成了由黄州官府代为看管的戴罪犯官，不仅没有任何权力，也没有正常的俸禄。

苏轼带着一家二十多口人，在黄州过着极端困苦的生活。为了贴补家用，他脱下文人的长衫，穿上乡野村夫的衣裳，向官府申请了城东外一块约五十亩的荒地，开垦种地。

在黄州一待就是五个年头，直到元丰七年(1084)，苏轼接到量移诏令，调离黄州，移至离皇城更近的汝州(今河南汝州)安置。然而由于长途跋涉，路途艰辛，苏轼最小的儿子在途中不幸夭折，行路的盘缠用尽，饥寒交迫之下，苏轼两番恳切奏请，终于乞得暂居常州。仕途屡遭打击，中年丧失幼子，年近半百的苏轼尝尽人生的悲苦。本以为就此安度余生，可是第二年宋哲宗即位，高太后临朝听政，以王安石为首的新党被打压，旧党代表人物司马光等纷纷被召回朝廷，苏轼也被起用复知登州，旋即被召回汴京，迎来了政治生涯新的开始。

“人间所得容力取，世外无物谁为雄。率然有请不我拒，信我人厄非天穷。”人世间的事是可以努力改变的，世外的事却不能强求。海神垂怜，应允了这轻率的祈求，再现神迹，可见人生所遭受的种种灾难厄运并非上苍的安排啊。

登州之任，短短五日，加上流连也不过半月有余，然而苏轼竟接连上书《乞罢登莱榷盐状》和《登州召还议水军状》两道奏章，针砭时弊，为当地解决了盐业发展和海防整肃的问题。他没有沉溺在“乌台诗案”的劫难苦海中，也没有自伤于“拣尽寒枝不肯栖，寂寞沙洲冷”的谪居岁月。世事虚浮无定，其中种种在苏轼看来，不正如这海市幻影，终会随风而逝吗？

小理的客厅

今日沙龙话题：光为什么会转弯呢？

－小物：海市蜃楼真是可遇不可求，一般什么时候看到海市蜃楼的概率更高呢？

小诗：明代有一个学者叫郎瑛，他发现海市蜃楼常常在春夏出现，显现的都是常见的景色。他就猜想，也许之前这个地方是“城郭山林”，后来被大海淹没，等到春夏之时，地气发生，水下遗址的影像被地气熏蒸上来，就出现了海市。

－小物：这有点神仙麻姑提到的“沧海桑田”的意思了。我以前学过，这其实是光的折射现象吧？

＋小理：不光是折射，还有全反射。

－小物：什么是全反射？

＋小理：先跟你们说说一个实验吧，英国物理学家丁达尔曾在一个装满水的木桶上钻一个孔，然后从桶上方用灯把水照亮，水流从小孔中流了出来，神奇的是，同时从小孔洒出来的光线也仿佛跟随水流的轨迹而“流出”。

小诗：就像是把光困在流出的水柱中了。

+小理：是的，就像是把光困住了。光线从密度高的介质射入密度低的介质时，如果入射角不断变大，折射角也对应变大，而且一直大于入射角。因此，当入射角大到一定程度时，折射角会率先达到90°，折射光线就会与两种介质的分界面重合。当入射角再扩大，折射光线就消失了，只剩下反射光线，相当于所有的光线都被反射到原先的介质里，被困在其中了，也就是产生了全反射。

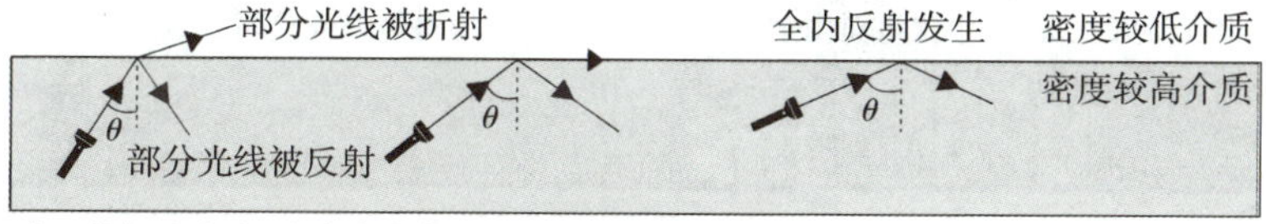

*当入射角θ加大时，折射光线会变暗而反射光线会变亮；
当入射角超过一定数值时，光线会全部向内反射。

图 6.3－1　光在两种介质中的折射与反射

－小物：所以光仍然是直线传播，只不过是在水流中不断发生全反射来向前传播对吧？

+小理：是的，咱们上网的光纤通信就是利用的这一原理。因为全反射几乎没有光的损耗，而且光速本身非常之快，所以将数据编码成光信号，再通过具有不同特性的光纤材料进行全反射，就能跨越很远的距离，实现瞬间信号传输。

－小物：那么，海市蜃楼和全反射有什么关系？

+小理：海市蜃楼也是这个道理。春夏之交更有可能出现海市蜃楼，这主要是因为此时大海温度比较低，而高空已经有暖空气袭来，导致海面之上温差较大。空气密度随着温度的升高而降低，折射率也相应减小。所以光穿过密度不均匀的大气时，没有走直线，发生了折射、全反射，将远处的景象呈现在我们眼前(如下图实线所示)。但我们直觉上却以为，此时的光仍然走的是直线，因此把原本在地上的建筑物，当成“云里雾里”的空中楼阁了(如下图虚线所示)。

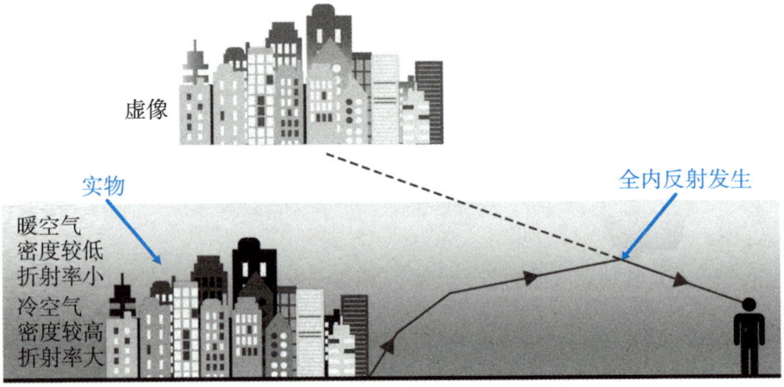

图 6.3－2　光的全反射现象

小诗： 以此类推，储光羲《钓鱼湾》里写“潭清疑水浅”，这是光在进入不同介质时发生的偏折现象，属于折射，实际潭水比看到的更深。

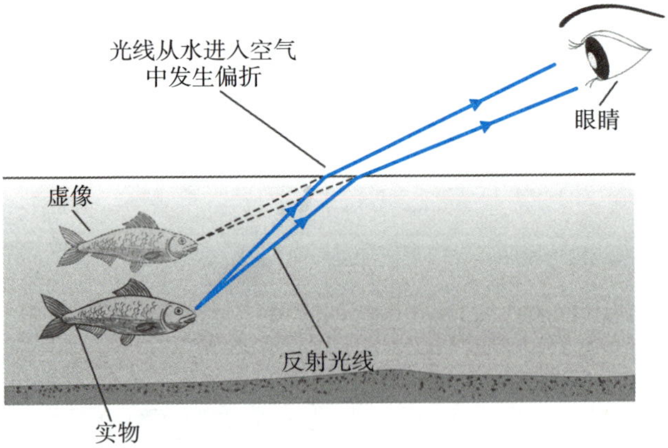

图 6.3－3　光的偏折现象

+小理：是的，不论是海市蜃楼，还是潭水，抑或是我们看到的潭水中的鱼儿，都是我们肉眼所看到的虚像，是光线反方向延长线的汇聚，并不是真正的物体。

-小物：有一年春晚，有位歌手演唱歌曲，舞台上除了她自己，还有她的三个分身，这样的虚像是怎样产生的？

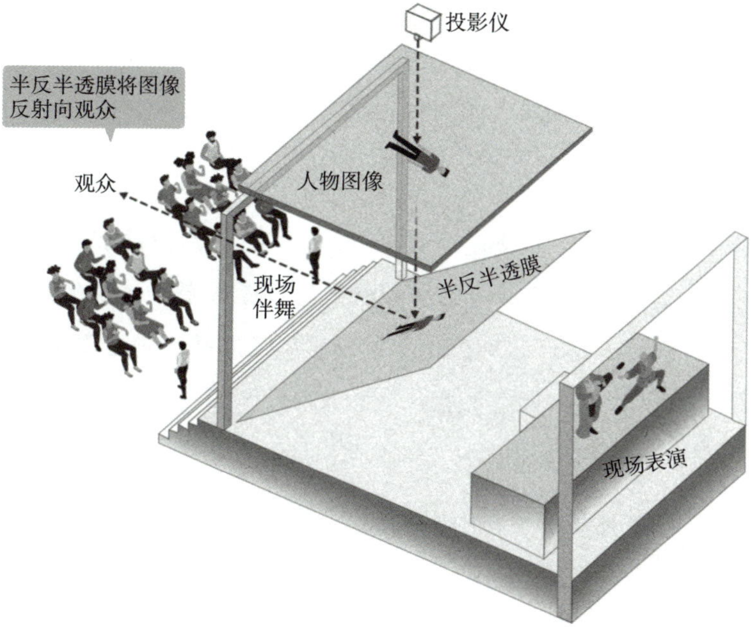

图 6.3－4　光学错觉技术（佩珀尔幻象）

+小理：这实际上是一种光学错觉技术，名为佩珀尔幻象，它利用了光的反射。在舞台前方，其实呈45°角放置着一块半反半透膜，以合适的位置和比例将图像投影其上，膜就会将投影的光线反射到观众席上。观众顺着光线反方向延长线看去，还以为投影的虚像是在舞台上。又因为膜是半透明的，所以观众能看到膜后面的真人。这样，在视觉上，就好像一人与几个分身同处一个舞台。

– **小物**：上周在游乐场，我看到了一个设施，它是两面平行的镜子，我们站在中间，能从面前的镜子中看到身后的镜子，再从身后的镜子里看到面前的镜子，反反复复，中间空间不断复制。

小诗：这让我想到了温庭筠的词，女子懒起梳妆，“照花前后镜，花面交相映”。她借着前后放置的两面镜子，细致地摆弄着自己的簪花，花容和人面交相辉映，好不娇艳美丽啊。

– **小物**：那是不是只要我们能造出两面可以百分之百反射光线的“完美镜子”，将它们平行放置，通过两面镜子来来回回的反射，就可以出现近于无穷的影像了呢？

+ **小理**：理论上是的，只要保证两个条件：第一，两面镜子反射的光尽可能多；第二，两面镜子的形状要求和放置的位置都得非常精确，这样才能保证没有光的损失。咱们不妨来假设一下，假设每面镜子每次只能反射90%的光线，那么反射两次之后就只剩81%，这是一个指数衰减的过程，20次之后甚至只剩12%，根本就看不清了。

– **小物**：那需要改变镜子材料吗？

+ **小理**：差不多，如果我们想要让光在镜子间反射很多次之后还不消失，比如说反射1000次之后还有90%，那镜子的反射率就要达到99.99%。而且，一定得是完全平行的镜子，因为如果之间有夹角，那么光每反射一次，就会从镜子的边缘漏掉一点，更别说不平整的镜子了。

小诗：历史上最早出现的镜子是打磨光滑的金属或者石器，那种镜子，连成像质量都很难保证。不过，古人倒是很早就使用镜作为光的反射器了。《周礼》中记录汉代有一种官职叫“司烜氏”，职责就是用阳燧从太阳那里获得明亮的火。阳燧就是用铜铸成的点火镜，一面向内凹，把它对着太阳放置，通过反射将使光线汇聚于中心，则可以点燃火绒。

-小物：奥运会圣火的取火方式，就是由最高女祭司用类似的凹面镜聚焦太阳光束来点燃火炬。

+小理：另外还有凸面镜，它的一侧呈现向外凸出的抛物面，光线投射其上，则会反射向外发散。比如，在弯道架设的转弯镜，司机借此可以扩大视野，更早地观察到转角前后的路况。

小诗："古人铸鉴，鉴大则平，鉴小则凸。"沈括的《梦溪笔谈》中记载，古人制镜，如果镜子大，表面就做成平的或者凹的，这样照出的人脸更大，能看得更细致；如果镜子小，表面就做成凸的，以便能看得更全。

+小理：古人其实很聪明，在工艺上，从周代就开始使用含锡量很高的青铜镜，这样反射率至少可以达到80%。到了文艺复兴时期，人们就已经掌握较高级的制镜技术了。威尼斯人发明了吹制玻璃的工艺，他们还把锡溶解在水银里，做成锡汞剂涂抹在玻璃的表面，随后汞挥发掉，这样便制成了水银镜。但水银有毒，害得不少制镜工人付出了健康的代价。到19世纪早期，德国化学家尤斯图斯·冯·李比希发现了著名的银镜反应。他通过把平整的玻璃浸到硝酸银溶液中，再加入还原剂，就可以在玻璃表面均匀地沉积一层银膜。而银这种材料，由于在可见光范围内的反射率高达90%~95%，不易发生氧化，且没有毒性，这样一来，就可以制出比古代的铜镜和威尼斯人的水银镜都理想得多的光学镜子了。

-小物：这样看来，只要不断改进提高镜子反射率的制作工艺，就有可能把《盗梦空间》中的场景复刻出来呀！

+小理：实际上已经实现了。2017年诺贝尔物理学奖颁给了激光干涉引力波天文台（LIGO）的三位科学家。他们所采用的反射镜，每300万个光子入射，只有1个会被吸收。也就是说，反射率高达99.9999%。

小诗：印度有一个著名的隐喻，叫"因陀罗网"。因陀罗网是由无数宝珠结成的网，每一颗宝珠的光相互辉映，映射出的光又被其他宝珠映现，一重一重，没有穷尽。宇宙中的每一个物体，也许都反映着一个别的物体。

- **小物**：正如月亮在广阔海面的小波浪上发生无数反射那样，不知那奇幻的海市蜃楼是远方哪一颗宝珠上的光辉投射而来的呀。

4 柳絮飞来片片红——光的色散、散射、吸收

小物的日记

雨后彩虹

2022 年 3 月 20 日，雷阵雨，湖南长沙

这是我第三次在长沙搬家。可惜天公不作美，本还只是飘着毛毛雨，突然就变成了瓢泼大雨，我只能狼狈地冒雨将一个个纸箱搬到新居。等搬完家，衣服淋得透湿，鞋子也在往外渗水。看着屋子里一片狼藉，心情糟透了。

走到窗边透气，发现天上还下着小雨，阳光就已经迫不及待冲破乌云，远处湛蓝的天空中还悬挂着一道绚丽的彩虹。瞬间我心头的阴霾一扫而空，即使生活一团糟，但终究会有看到彩虹的时候。

小诗的回忆

虹霓是一座桥

上古先民早早地就观察到了彩虹成双成对出现的现象，并对此有着非常生动的想象。郭璞写："虹双出，色鲜盛者为雄，雄曰虹。暗者为雌，雌曰霓。"在古人看来，彩虹是有生命的，有雌雄之分。其中颜色艳丽、内紫外红的内环是雄性，称之为"虹"；光彩略淡、内红外紫的外环是雌性，称之为"霓"。

在屈原的笔下，弯弯的虹霓是人间通往天上的桥。秋令之始，看着回旋的疾风摇落蕙草，屈原内心郁结悲伤不已。风无形，却让众芳凋谢，而自己就像那微小的蕙草，任风吹打，无力反抗，漂泊无定。他不堪忍受世俗人间的樊笼，欲"上高岩之峭岸兮，处雌霓之标颠。据青冥而摅虹兮，遂倏忽而扪天"（《九章・悲回风》）。

屈原的先人屈瑕是楚武王熊通之子，封在屈邑，因以为氏。屈原跟楚王同为王室本家，是地位崇高的宗亲贵族。最初他深受楚怀王信任，满腔热忱辅佐楚王变法图强，主张章明法度，举贤授能，联齐抗秦，却遭到上官大夫靳尚等旧贵族势力的嫉恨、污蔑，被罢黜左徒之官，任三闾大夫之职。两次东使于齐，合纵抗秦，又一再遭受诋毁、离间，终使昏庸的楚怀王"怒而疏屈平"。怀王死后，楚顷襄王将屈原流放至汉北，之后屈原更被永久族迁、流放至边地江南一带。

屈原抱着一腔热血对楚怀王鞠躬尽瘁，忠心不改，却无法唤醒愚昧的楚怀王。面对楚怀王的昏聩多变和虚骄自用，屈原不是没有选择，他或隐居山林，逍遥自得；或背井离乡，到他国去做客卿。然而出生公族，深植于血脉中对楚国的使命感让他"忍而不能舍也"。

他不愿随波逐流，想象自己据虹处霓，到天庭去寻求安身立命之所。他登上高高的山岩峭壁，站在那雌霓副虹的最高处，倚靠着青天，顺着彩虹倏忽间再向上触摸到天穹。也许在那个世界，他可以恣意遨游，依靠昆仑俯瞰云雾，凭依岷山细看江流，听着怒吼的波涛，看着云烟的变幻，随心所欲，无所不至。

同样仕途坎坷借虹霓寻仙仿古的还有“诗仙”李白。天宝六载(747)，李白自扬州南下，途经丹阳(今江苏镇江)，写下《焦山望松寥山》：

石壁望松寥，宛然在碧霄。
安得五彩虹，驾天作长桥。
仙人如爱我，举手来相招。

此时的焦山尚且江海相连，山崖险峻路途艰险，当他来到此地，登上陡峭的石壁，周身云雾缭绕，仿佛置身霄汉，不远处的松寥山若隐若现，可望而不可即，浪漫的他不禁发问——是否有一道五彩虹，为他化作凌空长桥，让他登上那飘渺的仙山，与仙人共赴超然物外的逍遥世界呢?

诗词中的五彩虹源自女娲补天的神话。在创世之初，四极废，九州裂，天不兼覆，地不周载，于是女娲找来五色土，经太阳神火炼化而成五彩石，五彩石填补了苍天的裂缝后，发出色彩纷呈的光芒，从此天空就出现了彩虹。

彩虹奇幻而如拱桥一般的形态让古人不由猜想，也许彩虹联结的是一个广阔无垠、瑰丽梦幻的仙境，也许那是一个能摆脱现实烦恼、绽放万丈豪情的理想世界。

而在中国最早的一部诗歌总集《诗经》中，宛若蛇形、色彩缤纷又飘逸轻柔的虹，在人们看来就像婀娜的女子光彩的姿容和她们柔美的身段，有雌雄之分的彩虹是天地之间阴阳交接之气，若彩虹在反常的时间出现，则代表阴阳不和，婚姻错乱。

《诗经·鄘风·蝃蝀》中写道："蝃蝀在东，莫之敢指。女子有行，远父母兄弟。朝隮于西，崇朝其雨。女子有行，远兄弟父母。"蝃蝀，即彩虹，在夜幕降临之时它现身东方，在清晨之际它又高悬于西方，为何会出现如此奇异的景象呢？那是因为有一个陷入情网的女子，不顾父母之命媒妁之言，与爱侣私奔了啊。

当然，这样叛逆的举动无疑是封建礼教所不容的，也是诗人所斥责与不齿的，然而这个女子炽热的爱情和义无反顾的勇气难道不让人为之动容吗？从某种层面来说，奇异的彩虹是诗人眼里不祥的预兆，不也是超脱常规、跳脱尘俗的象征吗？

古人对于彩虹除了天马行空的想象，也有客观实际的观测与记载，唐朝孔颖达在《礼记注疏》中说："若云薄漏日，日照雨滴，则虹生。"指出彩虹是日光照射雨滴产生的现象。徐敞的《虹藏不见》更是既诗情画意又详尽细致地描写了小雪时天空不再出现彩虹的景致：

迎冬小雪至，应节晚虹藏。
玉气徒成象，星精不散光。
美人初比色，飞鸟罢呈祥。
石涧收晴影，天津失彩梁。
霏霏空暮雨，杳杳映残阳。
舒卷应时令，因知圣历长。

彩虹不仅高悬于天空，孟浩然在《彭蠡湖中望庐山》中写道："香炉初上日，瀑布喷成虹。"飞流直下的瀑布在香炉峰旭日的映照下，烟水氤氲，那斑斓炫目的色彩正如雨后之虹。《阿房宫赋》写道："长桥卧波，未云何龙？复道行空，不霁何虹？"楼阁间的通道飞跨在天空之中，像是气势恢宏的彩虹。

古人的诗词中有彩虹，古诗本身也如彩虹般绚丽多彩，有“狂风落尽深红色”的赤，有“橘林霜重更红鲜”的橙，有“萧萧黄叶闭疏窗”的黄，有“红了樱桃，绿了芭蕉”的绿，有“江碧鸟逾白，山青花欲燃”的青，有“揉蓝衫子杏黄裙，独倚玉阑无语、点檀唇”的蓝，还有“等闲识得东风面，万紫千红总是春”的紫……

彩虹是一座万般旖旎的桥，一头连着伤心崖，一头连着对岸的高峰。英国诗人威廉·华兹华斯曾说：“我一见彩虹高挂蓝天，心儿就跳动不止。小时候我就是这般情形，成年了依然有此心境，但愿年老时仍不会改变……”也许正是因为这纯粹、天然而又绮丽的美让人始终愿意保有一丝纯真，愿意相信内心最初的悸动，愿意坚守梦想静静等待云开雾散。

小理的客厅

今日沙龙话题：为什么世间万物可以如彩虹般色彩斑斓？

－小物：为何我们能看到各种颜色？

＋小理：这就要先说说我们平常看到的太阳光。太阳光是一种复合光，多重色光混在一起，在不受外界影响下，粗看是白色的，但其实它有着色彩丰富的内在。要注意，白色并不是无色透明的，而是多个颜色的均匀混合。17 世纪，牛顿做了一个实验，他让一束光穿过一块三棱镜，结果投射到墙上的并不是一片白光，而是按红、橙、黄、绿、青、蓝、紫顺序排列而成的彩色光带，这就是著名的最美实验——光的色散。太阳光照射到物体表面，反射到我们眼里的色光决定了物体的颜色。就拿苹果来说，日常中的阳光或灯光中含有各种波长的光，而苹果主要反射波长较长的红色可见光，吸收其他波长的光。这样一来，苹果表面反射的光进入眼睛后，我们感知到的苹果就是红色的。

小诗：那世界万物本来是没有颜色的吗？天空不是蓝色的吗？

+小理：天空呈现蓝色是因为太阳光进入大气层后，空气中飘浮的分子和微粒会将其散射为红、橙、黄、绿、青、蓝、紫七种光，波长越长，透射性越大，散射越小，比如波长较长的红光会穿透大气直接射向地面，而波长较短的蓝紫光会被大气层中的微粒散射。这是科学家瑞利发现的，也叫瑞利散射。天空看起来呈蔚蓝色，是因为大气层的分子和微粒主要散射蓝紫光。

–小物：可是波长更短的紫光不是更容易被散射吗，为什么我们看到的不是紫色的天空呢？

+小理：这是因为我们眼睛中的视锥细胞分为三个类型，分别对红色、绿色和蓝色的光波反应最强烈，所以当你仰望天空时，你的眼睛告诉你的大脑你看到的是蓝色，而紫色虽然强度略大，但眼睛对这种颜色的敏感性差很多。

–小物：这么看来，世界上万物色彩斑斓，其实是光和眼睛共同演出的结果啊。狗狗好像没有感受红色的视觉细胞，那它看到的世界跟我们看到的截然不同吗？

+小理：是的。相较于人类来说，好吃的皮皮虾拥有十六种感受颜色的视锥细胞，我猜想它们眼中的世界应该比《阿凡达》里的潘多拉星更绚丽。

小诗： 人类或许没有那么丰富的视觉感官细胞，可是古人对色彩的独特表达可谓出神入化。昔后周制瓷，请世宗定色，世宗援笔题诗曰："雨过天青云破处，者般颜色作将来。"尚未见到这釉彩，温润之感已然扑面而来。

－小物： 可见古人对自然的观察真是细致入微啊，除了天青，还有月白、鸦青、胭脂……古人的想象力给每个颜色都注入了独特的艺术气息与诗歌灵气，真是让人叹为观止。如果说颜色是物体对光的吸收与反射，那么我们看到黑色，是因为物体能吸收所有的色光，而看到白色，是因为物体不吸收任何色光，将所有色光全部反射了吗，比如云朵？

＋小理： 是的。关于云朵，我们都知道它是由小水滴和小冰晶聚集形成的，这些形成云的颗粒大小为0.01～0.1毫米，比大气分子的尺寸大得多。所有长波的光照射到云朵上，发生散射。不同于折射和反射方向的可预测性，所谓散射，就是入射的光子被随机"反弹"到各个方向。这种散射对光波长的敏感度要比瑞利散射小得多，称之为米散射。各种波长的光混在一起，因此和太阳光一样呈现白色。

－小物： 但日落的时候，晚霞的云又会呈红色或橙色。

＋小理： 那是由于日落时，阳光斜射而入，在大气层需要穿过更长的距离。蓝色系的光大多在抵达我们眼睛之前就会被大气层散射，因此我们看到的天空是蓝色的。剩下未被大气层散射的红橙光照在云上面，因此我们能看到橙色或红色的晚霞，我们在早晚看到红彤彤的太阳也是同样的道理。

小诗：像“夕阳返照桃花渡，柳絮飞来片片红”，柳絮本应是白色的，诗中却描述为“片片红”，这也是一样的道理。那王之涣的“白日依山尽”，看上去是在写落日，可为什么落日是白色的呢？

+小理：从光学角度来说，白日通常是正午看到的太阳，因为这时太阳光在大气层走的距离短，蓝光被散射得少，所以我们看到的太阳才是偏白的。

小诗：我明白了，“白日依山尽”写的不是黄昏的这个时间点，而是从正午到黄昏这样一个时间流动的过程。因此，这首《登鹳雀楼》绝对不只是在描绘黄昏时的画面，而且表达了诗人深邃的时空意识。

-小物：看来我以前对王之涣的这首诗理解还是太肤浅了哈。既然大气层中的空气会影响光的传播，那么是不是也可以利用这些光学性质，来对外太空进行一些研究呢？

+小理：没错，一般判断一个行星是否存在生命的依据就是看行星大气层的成分中有无甲烷或者氧气。甲烷或者氧气会吸收特定波长的光，不过肉眼看不见这光，需要用光谱仪测量。当行星绕着恒星公转，挡在恒星和我们之间时，就可以对比恒星的原始光谱和经过行星外圈大气层的信号光谱。若是两者的差异正好和甲烷或者氧气的吸收光对得上，那就有戏了！

-小物：所以，我们就可以直接在地球上利用光谱技术，来判断系外行星有无生命。但需要行星正好处在恒星和地球之间，有点难啊。

+小理：不碍事。我们还可以通过研究恒星发光经过行星反射之后的光谱特征来探寻是否存在植物。

-小物：这是根据植物会进行光合作用这一特质吗？

+小理：是的。比如说地球，太阳光被地球反射后，少了很多可见光，但剩下许多近红外光。

-小物：我猜近红外光不参与光合作用。

+小理：你猜对了。因此，如果某个行星像地球一样，反射的光以不参与光合作用的近红外光为主，但可见波段的光都被吸收了。这就意味着这个行星上可能有植物。

小诗：身在地球，却能通过光的颜色分辨几光年甚至几亿光年外的某个行星是否存在生命，这可真是“坐地日行八万里，巡天遥看一千河”了！

5 心有灵犀一点通——光的量子特性

小物的日记

世界上的另一个我

2022 年 5 月 28 日，小雨，湖南长沙

《苍兰诀》讲的是个玄幻故事：仙女小兰花无意间闯入昊天塔，就在这时，闪电从天而降，困于塔内的东方青苍中了“同心咒”。自此东方青苍会感受到小兰花的每一缕情绪，会因为小兰花的开心而微笑，会因为小兰花的悲伤而流泪……两人身心相连，同喜同悲，形同一体。

人是独立、完整、自由的个体吗？宇宙间是否存在玄幻故事里那种冥冥中注定的关系？这个人宿命般出现，有着不可言喻的熟悉感，有着心照不宣的默契，就像世界上的另一个自己。这种感觉真是妙不可言，可是，这样的人真的存在吗？

小诗的回忆

人世间最让人感动的，是遥远的相似性

遇见契合无间、肝胆相照的知音，毫无疑问是幸运的。

有这样一种知音，无须多言自心领神会；

有这样一种知音，各在天涯却常挂于心；

有这样一种知音，叫作白居易和元稹。

他们是“身名同日授，心事一言知。肺腑都无隔，形骸两不羁”的挚友。两人相识三十年，相知相交，相携相伴，有时相互惦念的默契度甚至能超越时空，不可思议。

元和四年(809)，元稹任监察御史，奉命赴东川梓潼勘察案件，白居易尚任职左拾遗，留在京城长安。

一日，趁着大好的时光，白居易约上其弟白行简和好友李杓直一同出游，他们来到南郊曲江、慈恩寺游玩，遍历僧院。直到天色已晚，他们应李杓直之邀，来到其府上小酌，正喝得欢畅之时，白居易忽然放下手中的酒杯说道：“微之(元稹字)当达梁矣。”随即写下《同李十一醉忆元九》：

花时同醉破春愁，醉折花枝作酒筹。

忽忆故人天际去，计程今日到梁州。

还记得，春天花开的时候我们一起饮酒消愁，喝到酒酣耳热时，又折下身旁的花枝来作酒筹，行令饮酒，真是好不痛快。而此时的老友，你已远去他乡不可见，屈指算来，今天该是到梁州了吧。

十多天后，一封信悄然而至，送到了白居易的手中。原来是羁旅途中的元稹派人捎来，信的最后附上了一首《梁州梦》，诗写道：

梦君同绕曲江头，也向慈恩院院游。

亭吏呼人排去马，忽惊身在古梁州。

落款的日期恰是白居易他们一行游玩之日，并且诗韵相同。

白居易算得很准确，就在那一天元稹刚好到达梁州，他投宿在汉川驿，还做了一个梦。奇妙的是，梦中的他正与白居易、李杓直一起游玩曲江，又到了慈恩寺诸院游览，直到突然传来一阵亭吏的呼声，元稹倏然惊醒，才发现换乘的马匹已牵到了阶下，而自己其实身在梁州。

这样一场神魂的不期而遇，是梦的巧合还是冥冥之中的安排呢？元代辛文房在《唐才子传》中这么评价道："微之与白乐天最密，虽骨肉未至，爱慕之情，可欺金石，千里神交，若合符契，唱和之多，毋逾二公者。"

白居易与元稹都出生于没落的官僚家庭，有着相似的生活环境和人生经历。贞元十九年(803)，他们同科登第，步入仕途，同入秘书省校书郎，自此两人如命中注定般相遇，彼此订下同心之契，结为金兰之交，开始了一生心心相印的友谊。

元和元年(806)，校书郎任满之时，他们同住华阳观闭门苦读，一同参加才识兼茂明于体用科考试，双双登第。同跃龙门的两人，锐意进取，直陈时弊，又同样屡屡遭受贬谪。

元和十年(815)，朝中宰相武元衡遇刺身亡，白居易上疏请皇帝彻查此事，严加缉拿凶手，却遭人非议，弹劾他先于谏官越职言事。更有甚者，还趁机诬蔑他"不孝"，说他母亲看花坠井而死，他却写了赏花诗和新井诗，毫无忌讳伤心之意，有伤礼教。最终，白居易被贬至江南当刺史，随后又追贬为江州(今江西九江)司马。

而此时，同样贬谪他乡的元稹正身患重病，终日缠绵病榻。听闻白居易蒙冤被贬的消息，元稹震惊不已，满腹怨苦涌上心头，写下《闻乐天授江州司马》：

残灯无焰影幢幢，此夕闻君谪九江。

垂死病中惊坐起，暗风吹雨入寒窗。

在这寂静昏暗的夜里，元稹就像那一盏残灯，几无光芒，奄奄一息，凄然摇曳着。挚友的不幸让他感到巨大的冲击，陡然惊坐起。这强烈的情绪波动，就像当年元稹初遭贬谪，白居易听到有人送信上门“枕上忽惊起，颠倒著衣裳”一般，急切地想知悉好友的境况。即使相隔万里，两人都时时心系彼此，对点点滴滴都感同身受。

在长安赴任江州的途中，白居易行至襄阳，写下《寄微之三首》(其二)：

君游襄阳日，我在长安住。

今君在通州，我过襄阳去。

襄阳九里郭，楼堞连云树。

顾此稍依依，是君旧游处。

苍茫蒹葭水，中有浔阳路。

此去更相思，江西少亲故。

收到白居易的诗后，元稹和诗道：“我昔忆君时，君今怀我处。”当年，元稹满怀悲苦放逐江陵时，也曾踏过这片土地。“昔”与“今”，“我”与“你”，虽然不在同一个时空，但两个患难与共的灵魂却跨越时空在此灵犀相通。

他们有着休戚与共的命运、气味相投的性情，还抱持着如出一辙的政治责任感和使命感。白居易曾写下“志在兼济，行在独善”，元稹在《酬别致用》中也表达了“达则济亿兆，穷亦济毫厘”的理想和抱负。在人生的巅峰时刻，他们互相祝贺，在人生的艰难时刻，他们相互扶持，惺惺相惜。

大和五年(831)，元稹病逝于武昌。元稹去世后，白居易久久不能自已，写下《祭微之文》悼念：“贞元季年，始定交分，行止通塞，靡所不同；金石胶漆，未足为喻。死生契阔者三十载，歌诗唱和者九百章。”

无论何时，无论何地，他们身遥心迩。无论日月星转，无论世事变迁，他们总能跨越山海、冲破时空，令人心弦久久为之感动。

爱，使你和宇宙间同频事物相连、交融。

爱，是内在永恒不灭之光，无惧万水千山，不在朝朝暮暮，等待相似的你我为彼此闪耀。

小理的客厅

今日沙龙话题：心灵感应真的存在吗？

小诗：白居易和元稹之间的友谊真让人羡慕，不少人都有这样默契的朋友吧，有时候还没开口，对方就知道自己要说什么。有一些双胞胎会有一些神奇的联系现象，是不是真的有可能存在心灵感应呢？

+小理：物理学中尚没有理论能说明这一点，但是有一个很神奇的现象和这一点有些类似。我给大家说说物理学家阿尔伯特·爱因斯坦和尼尔斯·玻尔之间的理论争辩。

-小物：爱因斯坦和玻尔都是著名的物理学家，他们之间为何争论呢？

+小理：准确地说叫辩论吧。1935 年，爱因斯坦、波多尔斯基、罗森发表了论文《能认为量子力学对物理实在的描述是完备的吗?》。他们提出了一个思想实验，后来以他们名字的首字母命名，称为 EPR 悖论。这个实验与一对光子的行为有关，他们将一对光子看成一对微小粒子。当这对粒子在同一地点和同一时刻被创造出来，具有相反的自旋或旋转，也就是说，如果光子甲顺时针自旋，则光子乙的自旋必须是逆时针的。爱因斯坦和玻尔辩论的核心问题是：如果粒子之间的距离很大——假如是半个宇宙时，光子甲的自旋发生改变，光子乙会发生什么。

-小物：相隔那么远，不会光子乙也会改变旋转方向吧？如果是那样，那也太神奇了！

+小理：是的，两位物理学家都同意光子乙必然会相应地改变其自旋。爱因斯坦认为，一个光子向另一个光子发出信号所需的时间可以根据它们的距离和对应定律确定的光速来计算。然而，玻尔大胆地预测，两个光子之间不需要任何信号，也就是说在它们的自旋发生反转，不需要时间。玻尔声称："因为两个光子继续以纠缠状态存在，所以无论它们彼此间距离多远，它们仍然是不可分割的。"用科学术语来说，这种与距离无关的纠缠被称为非定域性。

小诗：就像是"身无彩凤双飞翼，心有灵犀一点通"的感觉，不需要信使为它们传递消息。

-小物：也不需要时间，两个相隔那么远的光子，一个改变状态，一个跟着改变状态，这不就类似《苍兰诀》里的同心咒吗？那到底谁的观点对呢？

+小理：这个问题引起物理界的激烈争论，显然爱因斯坦和玻尔的观点完全不一样，一时没有答案。玻尔的主张与经典牛顿物理学背道而驰。因为经典物理学认为因果关系普遍存在，光子之间必须经过时间才能传达信号，也就是正统的因果决定论。玻尔提出，在某些情况下，尽管光子之间的距离很远，但纠缠并不分离。他认为宇宙从本质上说是一个不可分开且不可分割的整体。爱因斯坦强烈反对这种看似不合理的说法，他说："如果我重生，我会成为一个补鞋匠，平静地思考。"也就是说，如果没有经典范式因果关系所具有的时空分离，他将放弃对科学的信仰。他将这种纠缠光子具有的现象称为“远距离的幽灵般的行为”。

小诗：没有了因果关系，那岂不是时间就没有了意义？

+小理：这场争论持续了几十年，直到20世纪60年代，爱尔兰物理学家约翰·斯图尔特·贝尔提出了现在为人熟知的贝尔不等式定理。这个不等式本身是为了证明爱因斯坦的正确性，也就是说如果玻尔是对的，那就要论证光子纠缠现象违背贝尔不等式。大约20年后，检验贝尔不等式定理的技术终于问世了，证明不需要信号在光子之间传播，交流是即时的。因而爱因斯坦用经典范式的思想解释纠缠光子行为是错误的。现在这个假设已经被重新检验了无数次，结果总是说明光子可以纠缠在一起，正如玻尔所假设的那样，它们是一个整体。

-小物：2022年的诺贝尔物理学奖好像就是授予了研究量子纠缠的科学家。

+小理：是的，颁给了法国科学家阿兰·阿斯佩、美国科学家约翰·克劳泽和奥地利科学家安东·蔡林格，表彰他们在纠缠光子实验、验证违反贝尔不等式和开创量子信息科学方面所作出的贡献。

-小物：这真是灯不拨不亮，理不辩不明，一时强弱在于力，万古胜负在于理。小理，你能给我们科普下量子纠缠吗？

+小理：简单地说，在量子物理学中，两个或多个粒子不可分割地交织在一起，即使相隔万里，这种状态也能持续存在。以这种特殊的量子方式连接的两个或多个粒子的集体状态被称为量子纠缠态。EPR悖论实验中描述的光子，是一种基本粒子，是传递电磁力的载体。按照相对论的说法，其静止质量为零，在真空中的传播速度为光速，也就是说光子一生下来就以光速飞行，没有任何加速过程，虽然没有静质量，但具有动质量。光子是一种微观粒子，具有波粒二象性，也就是光子既有波的性质，又有粒子的性质。

小诗：光既是波又有粒子的性质，是说它既像是水，又像是珍珠？是不是就如“横看成岭侧成峰”，是因为从不同的观测角度看呢？

+小理：我们不能用生活常识去理解，因为大自然中找不到类似的现象，所以我们很难想象。光子具有不同的自由度，例如偏振自由度、路径自由度、角动量自由度等，它的每一个自由度都可以携带信息。换句话说，光子处在各种可能性之中，当两个光子组合在一起，它们就会相互纠缠。我们可以把一对纠缠光子想象成两只手套 A 和 B。如果 A 是左手，那么 B 就是右手，或者 A 是右手，B 就是左手。在测量之前，它们是一个整体，两种可能性各占 50%；但一旦测出 A 是左手，那 B 就必然是右手，反之亦然。每次我们进行这样的实验时，都会出现这种完美的相关性。①

---

① 我们用一个图形化的公式来解释其中的一种纠缠状态：

$$|\Psi^{+}\rangle=\frac{1}{\sqrt{2}}(|\parallel\rangle_{1}|\perp\rangle_{2}+|\perp\rangle_{1}|\parallel\rangle_{2})$$

在这个公式里，$|\ \rangle$是狄拉克符号，在量子力学里用于表示量子态。公式左边狄拉克符号里的 Ψ^{+} 表示一种集体行为的纠缠状态；公式右边狄拉克符号里的 $\parallel$ 和 $\perp$ 分别表示水平、垂直偏振；狄拉克符号下标 1 和 2 分别表示第一、第二个光子。公式右边 $|\parallel\rangle_{1}$ 表示第一个光子水平偏振，$|\perp\rangle_{2}$ 表示第二个光子垂直偏振，$|\perp\rangle_{1}$ 表示第一个光子垂直偏振，$|\parallel\rangle_{2}$ 表示第二个光子水平偏振；$|1/\sqrt{2}|^{2}=50\%$ 表示每个光子出现水平或者垂直偏振的概率为 50%；公式左边 $|\Psi^{+}\rangle$ 表示这两个光子纠缠在一起的状态。从这个公式可以看出，纠缠态是在描述一种集体行为。单独看，每个光子的偏振状态不确定，50%的概率是水平偏振，50%的概率是垂直偏振。一旦测量，两个光子就表现为不同的偏振。如果我们发现第一个光子是水平偏振，我们就会依据规则知道第二个光子是垂直偏振，反之亦然。

-小物：好神奇，那就是完全随机的了，而且它并不会因为我们的观测就从此确定状态不再改变，对吗？每一次实验都像是在开盲盒，都是有概率的。

+小理：对的。另外，光子的纠缠可以持续很远的距离。我们可以将一对纠缠光子发射到相隔很远的两颗卫星上，然后测量它们，我们会看到相同的相关性，就好像光子就留在地球上一样，即使信息无法在光子之间传递，这些相关性仍然存在。举例来说，2016 年 8 月 16 日 1 时 40 分，“墨子号”卫星在酒泉卫星发射中心搭载长征二号丁运载火箭发射升空，成为全球第一颗设计用于量子科学实验的卫星。2017 年 6 月 16 日，“墨子号”成功实现这样的验证：两个量子纠缠光子被分发到超过 1200 千米的距离后，仍可继续保持其量子纠缠的状态。

小诗：这样的纠缠不仅打破了时间的限制，还跨越了空间的阻隔。那是不是在情感世界中，比如白居易和元稹之间的感应真的可以用量子纠缠来解释呢？

+小理：这个问题我还不能给你确定的答案。虽然白居易和元稹之间的心灵感应和量子纠缠现象有很多相似的地方，但是两个人之间的情感要比两个光子之间的关联复杂很多。量子纠缠描述的是，从整体的角度看，关联的个体不可分割，都是整体的一部分。要确定每个个体的特性，必须破坏纠缠现象，进行测量；一旦测量，每个个体就有它确定的状态，知道其中一个个体的状态，就可以知道另一个个体的状态。如果这样类比，故事的主人翁是一对“纠缠态”的整体，他们不可分割。每个人作为两个“纠缠态”的载体，也是“纠缠态”的观测者，可以彼此测量对方的状态。当一方由于受到刺激激发了某种状态——喜怒哀乐中的一种，就会立刻让对方“塌缩”到对应状态；当感知到自身的状态，也会立刻感知对方的状态，从而产生心灵感应。显然这要比两个光子的纠缠复杂很多。控制人的情绪状态的载体是什么？它们为什么可以纠缠？人作为复杂多粒子系统的载体，承载了更多的关联，需要进行更深入的研究，相信未来科技的发展会为我们揭开这层神秘的面纱。

－小物：那这种超越了时间和空间的纠缠，如果用在现实生活中，是不是就能实现更快更高效的交流呢？

＋小理：目前量子纠缠原理已经被用于量子通信、量子计算和量子模拟等方面，正在加速改变我们的生活，拓展着我们认知时间和空间的极限。在基于量子力学原理工作的量子计算机中，量子纠缠决定着量子信息的存储、传递和获取方式与经典计算机不同。虽然量子纠缠很难理解，但它是量子物理的重要概念，其蕴含的物理原理在量子计算、精密计量学和量子密码学等研究中具有重要意义。它也是我们理解许多奇异物理现象的基础，它甚至可能是将引力理论、广义相对论与量子物理学结合起来的关键，而这也是近一个世纪以来理论物理学家们的梦想。

第七章 星汉灿烂

1 青天有月来几时——宇宙的起源

小物的日记

追逐月落日升

2018 年 10 月 2 日，晴，湖南衡阳衡山县

早上窗外一阵喧嚣，我极不情愿地睁开眼，发现外面已经透出微光。我急匆匆地出门去坐大巴，默默祈祷时间慢一点，再慢一点。

大巴转了一个急弯，我突然看到了挂在天际的月亮，幸好，月亮还未落下。可大巴每拐过一个急弯，月亮好像就暗了一点，下坠了一点。

到达祝融峰的时候，八点已过半，看一场日出的心愿终究未能实现。时间啊，能不能过得慢一点！

小诗的回忆

人生代代而江月永恒

中国古典诗歌的美在于情景交融。情感借景物承载与体现。其实不只感性的情绪，还有理性的思考，都附着于景物之上。

《诗经·小雅·采薇》曰："昔我往矣，杨柳依依。今我来思，雨雪霏霏。""我"的今昔之变在"杨柳依依"与"雨雪霏霏"的自然之景的切换中映照出来。《诗经·唐风·蟋蟀》曰："蟋蟀在堂，岁聿其莫。今我不乐，日月其除。""我"对时间的感知从蟋蟀声中觉醒。孔子对时间的观察则以"逝者如斯夫，不舍昼夜"的流水来引譬。

古人对于时间的感受与描述，总是寄寓于自然事物的变化之中。所以《礼记》直接用物态的变化作为时间的标度："东风解冻，蛰虫始振，鱼上冰，獭祭鱼，鸿雁来。""始雨水，桃始华，仓庚鸣，鹰化为鸠。""桐始华，田鼠化为鴽，虹始见，萍始生。"时间，这个看不见摸不着、虚无缥缈的东西，因为投射于物而有了影子。

中国古典诗歌史上书写时间而触及哲思的杰作，当数唐代张若虚的《春江花月夜》：

春江潮水连海平，海上明月共潮生。
滟滟随波千万里，何处春江无月明！
江流宛转绕芳甸，月照花林皆似霰。
空里流霜不觉飞，汀上白沙看不见。
江天一色无纤尘，皎皎空中孤月轮。
江畔何人初见月？江月何年初照人？
人生代代无穷已，江月年年望相似。

不知江月待何人，但见长江送流水。
白云一片去悠悠，青枫浦上不胜愁。
谁家今夜扁舟子？何处相思明月楼？
可怜楼上月徘徊，应照离人妆镜台。
玉户帘中卷不去，捣衣砧上拂还来。
此时相望不相闻，愿逐月华流照君。
鸿雁长飞光不度，鱼龙潜跃水成文。
昨夜闲潭梦落花，可怜春半不还家。
江水流春去欲尽，江潭落月复西斜。
斜月沉沉藏海雾，碣石潇湘无限路。
不知乘月几人归，落月摇情满江树。

整首诗是诗人在春夜江边，由月亮引发的一次遐想。“春江潮水连海平，海上明月共潮生”，在一个开阔的视野中，海上的一轮明月无疑是最醒目的。这轮明月仿佛是从哲理世界中伸出的通道，接引诗人进入哲思，发出“江畔何人初见月？江月何年初照人？”这样的叩问。初见月的人与今人辉映出时间，初照人的月与今月却凝结了一个永恒的空间。时空交织的场，让诗人此刻沉沦与迷惘。“不知江月待何人”，是对终点的想象。时空是否有尽头呢……

闻一多先生曾这样评价张若虚的这首诗：“从蜣螂转丸式的宫体诗一跃而到庄严的宇宙意识。”宇宙或许是张若虚在月夜窥见的奥秘，但中国哲学没有把诗人带上知识论的路，所以站在开启宇宙奥秘大门前的张若虚，任由思绪与追问都随“白云一片去悠悠”了。他把视线收回人间。浩瀚时空如果不能把握，那为什么不去关注真切的人生与当下呢？月既是那么邈远，而月光下的人间却是温热可触的呀。“谁家今夜扁舟子？何处相思明月楼”，这些无时无刻、无处不在发生着的分离、思念，不正展现了人类填充虚空的姿态？因为情感落入时空，人生不再只是宇宙运动中的规律，而是起伏。

时间是一个很奇妙的东西，张若虚的诗里写出了两种时间观念。以人为参照，时间是线性的，一去不复返；以月为参照，时间是环形的，月升月落，日复一日，年复一年。苏轼在《赤壁赋》中说：“逝者如斯，而未尝往也；盈虚者如彼，而卒莫消长也。盖将自其变者而观之，则天地曾不能以一瞬；自其不变者而观之，则物与我皆无尽也，而又何羡乎！”

究竟变的是什么？永恒的又是什么？

“海上生明月，天涯共此时。”时间不复，时间也永恒。此刻，海底月即是天上月，眼前人即是心上人。

小理的客厅

今日沙龙话题：　宇宙大爆炸

小诗：两千多年前，屈子曾追问：“日月安属？列星安陈？”千百年来，我们的祖先对于宇宙起源的追问从未停歇。在现代物理学的理论知识中，是否已经有了肯定的答案，足以解答先民的疑问？

+小理：从古代至近代再到现代，人们一直在探索宇宙起源。目前在物理学界广为流传的便是宇宙大爆炸理论，它也是目前接受度认同度最高、最具有解释性的一个理论。

-小物：哦，宇宙大爆炸？我好像有所耳闻。这一理论是由哪位科学家提出的？

+小理：宇宙大爆炸理论由美国物理学家乔治·伽莫夫于 1946 年正式提出，他认为宇宙诞生于一场大爆炸，诞生后的宇宙中物质密度和温度极高，宇宙膨胀过程中逐渐冷却，原子开始形成，然后星系形成。

-小物：宇宙大爆炸后是否留有什么痕迹？

+小理：有的。宇宙大爆炸后留有"余辉"，而且是可以被观测到的。

小诗："余辉"是什么呢？

+小理："余辉"就是我们常说的宇宙微波背景辐射了。这里我解释一下。宇宙大爆炸后极短时间内是一团极其致密、能量密度极高的物质，包含了自由的夸克-胶子等离子体、电子、中微子等基本粒子，然后宇宙经历了暴涨，宇宙急剧增大，能量密度和温度下降，自由的夸克结合成质子与中子，宇宙进一步膨胀冷却，质子与电子终于能够稳定地结合以形成原子，这个时期绝大多数原子以中性氢的形式存在。在这个过程中，光子(或说电磁辐射)与重子(或说物质)发生了解耦，从而能在宇宙中传播，宇宙的物质分布模式就此固定下来，形成了宇宙微波背景辐射，也就是伽莫夫所预言的大爆炸的"余辉"。

-小物：科学是讲究实证的，这样的理论有没有实验证明呢？

+小理：有的。2022 年美国发射韦伯望远镜的一个重要任务就是寻找 135 亿多年前(大爆炸后大约 15 亿年)的宇宙中诞生的第一批星系。另外，WAMP 卫星、Planck 卫星观测到了宇宙微波背景辐射，为宇宙大爆炸起源论提供了非常重要的证据。

-小物：也就是，我们观测到了宇宙大爆炸发生"余辉"？

+小理：是的。其实，宇宙微波背景辐射是由贝尔实验室的工程师彭齐亚斯和威尔逊在研究微波天线的干扰来源过程中偶然发现的。

小诗：真神奇，它是怎么被偶然发现的呢？

+小理：是这样的，彭齐亚斯和威尔逊在做实验时，发现天线的一部分干扰信号无法确定来源，起初他们以为是天线上发现的一个鸽子窝所引起的干扰，但在移开鸽子窝后，干扰仍然存在，并且跟天线的方向、气候和时间等都没有关系，最后他们发现这个干扰来自宇宙。当时这两位工程师并没有意识到这个发现的重要意义，但当宇宙学家知道这个发现后，意识到这正是他们苦苦寻找的微波背景辐射。

-小物：天啦，这两位工程师竟然在不知不觉间解决了宇宙学中的一个重大问题！

小诗：那星星又是怎么来的呢？

+小理：星星是由大爆炸产生氢气形成的。大爆炸后产生的氢分子在引力作用下聚集成气体团，气体团在引力作用下向中心坍缩，释放出引力势能转换为氢分子动能，气体团温度升高。当温度足够高时，氢分子碰撞可以引发核聚变，这样恒星就被点燃了。核聚变释放的辐射压与恒星自身引力达到平衡，恒星稳定下来发出光芒，就是我们夜晚看到的星星了。

-小物：有了星星，是否就可以组成星系大家庭了呢？

+小理：是的。星星在彼此的引力作用下聚集成为星系，星系在暗物质的引力作用下形成宇宙的大尺度结构。

小诗：那我们能知道现在宇宙多少岁了吗？

+小理：这是一个关于时间的起源问题，其实时间与空间也是随大爆炸的发生而诞生的，超弦理论或许就是能够证明这一说法的理论。

-小物：超弦理论？能给我们科普一下吗？

+小理：没问题。在大爆炸初期，能量密度极高（达到 Planck 能标），已知四种基本相互作用统一为一种相互作用，目前对于这种统一相互作用还没有一个十分完美的被验证的理论，超弦理论就是目前提出的一个比较有前景的关于四种基本相互作用的统一理论（万有理论）。

小诗：那超弦理论又是否得到了实验验证呢？

+小理：没有，超弦理论还没有得到实验证明。

-小物：那为什么超弦理论可以回答时间和空间与宇宙大爆炸之间的关系？

+小理：虽然超弦理论还没有得到实践的证明，但是其假设的演进过程却是很让人信服的，并且还能解释物理学中其他很重要的问题。超弦理论的雏形于 1968 年由维内奇诺发现，当时是为了解释强相互作用的性质，经过了两次重要革命（1984，1991）后发展出了 M 理论。超弦理论要求宇宙的时空维数为 10～11，但是现今的宇宙仅仅有 3 个空间维与 1 个时间维。为了解决这个矛盾，1995 年霍洛维茨、斯特罗明格和威腾提出 6～7 个维度在大爆炸后以一种特殊的形式（卡拉比-丘流形）仍然蜷缩在极其微观的尺度（普朗克尺度，10^{-35} 米），只有 4 个维度释放到了宏观。但是探测超弦理论或 M 理论所预言的现象需要的能量远远超过了现有的技术水平，所以目前超弦理论没有实验验证。

小诗：哦，懂了。苏轼曾说“逝者如斯，而未尝往也；盈虚者如彼，而卒莫消长也”，仿佛时间与空间在流淌中凝结成了永恒。希望宇宙的起源不会是一个永恒的谜。

2 天路悠悠星汉斜——宇宙的演化

小物的日记

立体几何如何解

2015 年 4 月 27 日，阴，湖南长沙天心区

早上的数学课，老师点我上台讲昨天的作业。我走上讲台，在黑板上写下“解”字后，就再也写不出了。“昨天做作业了吗?”老师见我迟迟未动笔，问道。“做……做了，但是有几道不会。”“好吧，你先下去，这道题可能难度大一点，我来讲吧。”

老师仔细地讲解了一遍，补充道：“同学们一定要建立立体思维，这样才有助于解题……”立体思维？我觉得我还是有一点的，比如我此刻就在幻想，如果这节课发生在另一个时空就好了，又或许在另一个时空中，我摇身一变成了数学尖子生呢。万事皆有可能。

小诗的回忆

皎月星辰叹人间

古人的浪漫，是“问世间，情是何物，直教生死相许”的爱情悲歌，是“会当凌绝顶，一览众山小”的豪情壮志，是“慈母手中线，游子身上衣”的温暖关怀，更是“微微风簇浪，散作满河星”的漫天星辰。

迢迢银河，闪闪星光，古人的浪漫想象往往从天空开始。

《诗经·小雅·大东》说“维南有箕，不可以簸扬。维北有斗，不可以挹酒浆”，其中就有着古代先民对垂于天幕的满天星河的浪漫想象。先秦《卿云歌》曰“卿云烂兮，纠缦缦兮。日月光华，旦复旦兮。明明上天，烂然星陈。日月光华，弘于一人。日月有常，星辰有行。四时从经，万姓允诚”，又将缀于天空的卿云与星光浪漫吟咏。更不必说曹操《观沧海》“日月之行，若出其中；星汉灿烂，若出其里”中渗透着怎样的哲学思考。

古人对夜空的关注，不仅停留于对皎洁月光与点点星河的赞叹，而且对宇宙空间有着自己的思考。

辛弃疾就在面对星与月之时，向上天发出心底的疑问：

木兰花慢

中秋饮酒将旦，客谓前人诗词，有赋待月，无送月者，因用《天问》体赋。

可怜今夕月，向何处，去悠悠？是别有人间，那边才见，光影东头？是天外空汗漫，但长风浩浩送中秋？飞镜无根谁系？姮娥不嫁谁留？

谓经海底问无由，恍惚使人愁。怕万里长鲸，纵横触破，玉殿琼楼。虾蟆故堪浴水，问云何玉兔解沉浮？若道都齐无恙，云何渐渐如钩？

古人写月，往往寄寓情思，但在词人辛弃疾的笔下，月亮却成为哲学思考的对象。黎明前的刹那，月亮将向天空做最后告别之时，词人猛然发现，月亮将要去往何方？是去往另外一个能够刚好看见月亮又从东方升起的人间吗？天空之外是什么？难道只有浩浩长风来把秋月送走吗？这仿佛构成了人类关于平行世界的早期思考，抑或可以说是早期宇宙观的萌芽。

如同明镜一般的宝月，是靠什么系挂于半空，难道单是靠一根长绳？辛弃疾关于星球运行的思考，比牛顿发现万有引力还要早几百年。

远古神话也是古人浪漫的结晶。在辛弃疾眼中，奔赴月宫的嫦娥，至今仍未出嫁，那么究竟是谁将她留下？听说月宫会在西沉后潜入海底，那么海底的万里长鲸是否会将月宫中的玉殿琼楼撞坏？伴随于嫦娥身边的玉兔又在何时学会了游泳？如此奇特的幻想，好似真的将我们带入了一个亦真亦幻、光怪陆离的海底世界。

最终，月亮在经历一整个白昼之后，重又回到东侧天边，洒向大地以最为纯洁的光辉。如果没有经过海底世界，圆圆的月亮又何以变成弯钩模样？

当词人想象的翅膀驰骋于天际，糅合远古神话与生动比喻，就将浪漫而又绚丽的宇宙世界映照在世人的脑海。

古人对宇宙与空间的思考，并不是从辛弃疾开始的，早在战国时期，屈原就已经在《天问》中发出对宇宙世界的思考与追问：

遂古之初，谁传道之？上下未形，何由考之？冥昭瞢暗，谁能极之？……日月安属？列星安陈？出自汤谷，次于蒙汜。自明及晦，所行几里？夜光何德，死则又育？……

天地何来？宇宙何来？日月何来？星辰何来？惝恍迷离的追问，是屈子追寻万物因果的竭力思考。“法象莫大乎天地。”宇宙是阔大的空间，是神秘的未知，是人生的起点，更是万物的归宿。

神秘的宇宙空间便也成为古代慧者心向往之的探索之地。面对浩瀚银河，面对万里天幕，面对神秘宇宙，面对未知空间，先贤们用奇特的想象创造着另一个瑰丽的世界，不断发出“哀吾生之须臾，羡长江之无穷”“无穷宇宙，人是一粟太仓中”般面对磅礴宇宙，感叹人生渺小的呼唤。

宇宙之外是何人间？天空中的皎月星辰或许能为我们提供答案。

小理的客厅

今日沙龙话题： 宇宙由什么构成？

小诗：“仰观宇宙之大，俯察品类之盛”，在古人眼中，宇宙之大是仰视时一眼望不到边的浩瀚与辽阔。我很好奇，这大大的宇宙究竟包含着什么呢？

+小理：包括时间、空间和一切物质与能量。关于宇宙的物质能量组成，目前物理学界认为其中的5%由通常的物质构成，25%由现在还没直接观测到的暗物质构成，70%由更为神秘的暗能量构成。

小诗：既然暗物质与暗能量还没直接观测到，我们又是怎么知道它们所占的比例的？

+小理：这可不是我胡诌的，这是科学家们通过模拟实验得出的结论。比如对于暗物质，我们可以根据暗物质性质不断调节暗物质所占的比例进行宇宙演化的模拟，使得模拟的结果和目前宇宙学实验观测的结果最为接近，这样就大概确定了暗物质所占的比例。[1]

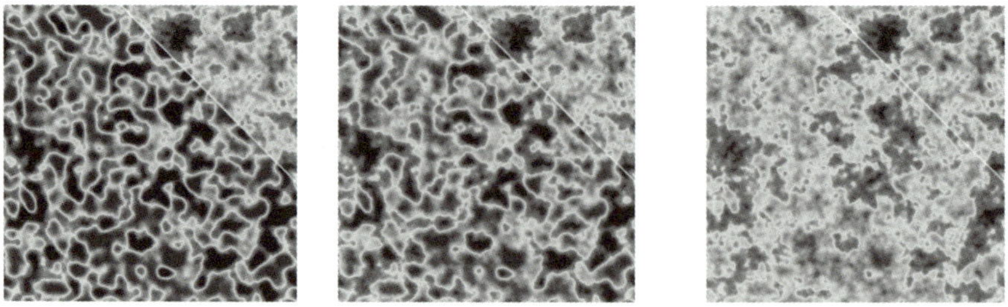

宇宙中只有普通物质　　宇宙由一半普通物质一半暗物质构成　　宇宙由5%普通物质、25%暗物质和70%暗能量构成

图7.2-1　不同的普通物质、暗物质、暗能量比例给出的宇宙微波背景辐射模拟（右上角为实际观测结果）

-小物：那我们对于宇宙从觉知到观察再到理性思考与研究，走过了怎样的路？

小诗：其实，古人关于天文观测的记录很早。《淮南子》有对太阳黑子观测的记载，《春秋》有对彗星的记录，《左传》中有关于流星雨的描述。但最后，这些观察都止步于一个大的哲学体系，叫作“天人合一”。

-小物：这是一个奇妙的理念。古人是怎么把天和人联想到一起的呢？

小诗：上“垂丽天之象”，是为了给人以启示或者规训。所以，中国哲学关注更多的是宇宙既然是这样，那人应该如何自处。所以无论是儒家还是道家，在承认“天道”之后，就开始根据天道订立个人乃至整个社会的准则。宇宙对于我国古人的意义，更多的可能在于提供人生观伸缩的尺度。

+小理：中国古代的天象记录也是非常详细的，比如关于超新星、彗星

① 如果感兴趣，可以访问网站 https://plancksatellite.org.uk/cmb-sim/设置不同的普通物质、暗物质与暗能量比例，进行宇宙微波背景辐射的模拟。

的观测记录。这样的早期观测恰恰就是宇宙天文研究的起点。天文学记录很长一段时间主要靠肉眼观测，比如公元 1054 年，北宋至和年间的天关客星就是早期对于超新星爆发的记录。天关客星遗留的残骸，就是现在的蟹状星云。

－小物：在天文观测方面，精密的科学仪器应该是最重要的。

＋小理：是的。比如伽利略发明望远镜，观测月球表面的环形山、木星卫星、土星光环等仅仅靠肉眼看不到的现象和天体。1932 年，贝尔实验室工程师卡尔·央斯基在寻找电话信号的干扰源的时候，发现了来自银河系中心方向的射电信号，从此在射电波段进行天体的研究拉开了序幕。1937 年，格罗特·雷伯发明了射电望远镜，使得人类可以从射电波段研究天体，揭示了许多仅仅由可见光波段不能发现的现象。

－小物：等等，你刚才提到了射电望远镜，可以顺便讲讲射电望远镜的知识，满足一下我这个“物理迷”吗？

＋小理：哈哈，没问题。射电望远镜通过天线来反射天体发出的微弱射电信号，并将这些信号通过反射汇聚到接收端（馈源），再经过复杂的处理就能得到天体的信息了。比如著名的哈勃太空望远镜、钱德拉 X 射线太空望远镜、韦伯太空望远镜等，分别从电磁波射电波段、X 射线波段、γ 射线波段来进行观测。如果将射电望远镜发射到太空中，通过多个太空射电望远镜组合，可以得到一个等效口径巨大的望远镜（合成孔径射电望远镜），这样就不受地球大小的限制了。

－小物：那目前有没有这种组合版的射电望远镜呢？

＋小理：有的，事件视界望远镜（Event Horizon Telescope，简称 EHT）就是一个组合版的射电望远镜，它是由分布在各大洲的射电望远镜协调工作，组合成一个等效口径和地球大小相近的射电望远镜，用于分析黑洞吸积盘发射的射电信号，合成了第一张黑洞照片。黑洞照片中亮环的形状非常符合爱因斯坦广义相对论的预言！

小诗：我们国家有射电望远镜吗？

+小理：当然有！我国射电望远镜的技术可是非常先进的！除去我刚刚讲的射电波的发现和射电望远镜的发明，目前世界上最大的单口径射电望远镜就是我国的500米口径球面射电望远镜（Five-hundred-meter Aperture Spherical radio Telescope，简称FAST）。

小诗：真为科技进步感到骄傲！现在我们可谓做到"乘风好去，长空万里，直下看山河"了！

+小理：现在的天文学进入了一个多信使的时代，人类不仅可以通过对电磁波各波段的观测来研究天体，也可以通过例如中子星合并释放的引力波、超新星爆发时发出的中微子、引力的透镜效应等各种手段来研究天体和宇宙。

小诗：真希望我也能看到神秘美丽的宇宙啊！

+小理：这是可以实现的。前面提到的超强太空望远镜韦伯太空望远镜，主反射镜面积是著名的哈勃太空望远镜的6倍以上。韦伯太空望远镜在拉格朗日点L_2附近运行，拍出了许多宇宙照片。

小诗：哇！照片非常美。

-小物：你刚刚提到的"拉格朗日点"是什么意思呢？

+小理：拉格朗日点是拉格朗日在研究三体问题时发现的，可以看作三体问题的特殊情况下的稳定点。当两个天体的质量远远大于第三个，比如地球—太阳—太空望远镜构成的系统，这种情况下第三个物体围绕两个大质量天体运动时，存在5个特殊的位置，这些位置上的物体所受的天体引力和运动离心力平衡，物体可以稳定地在这5个点周围随着两个大质量天体运动，这5个点就称为拉格朗日点，分别用 L_1、L_2、L_3、L_4、L_5 标记。

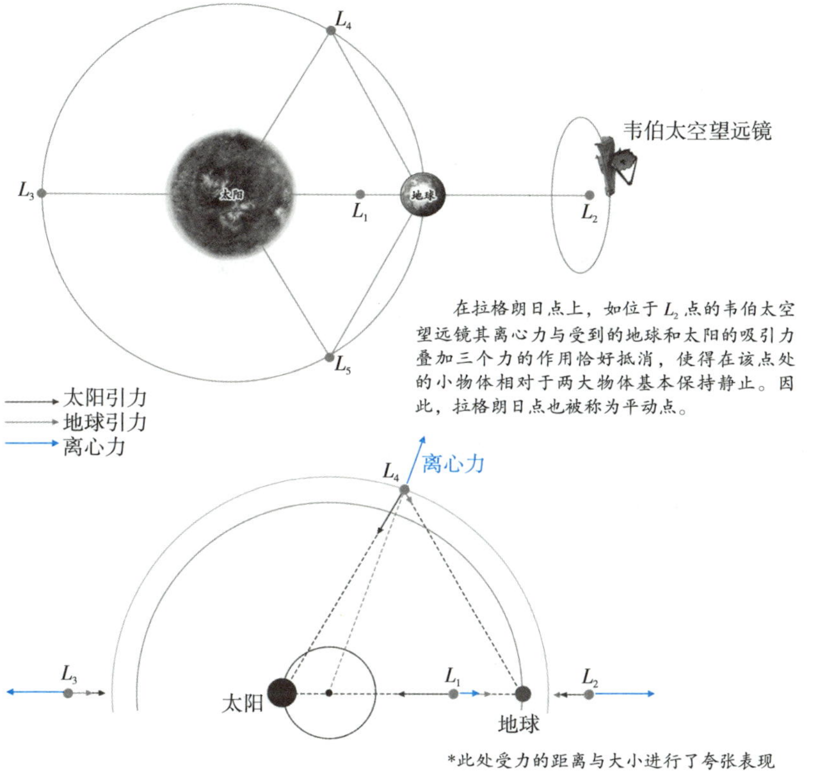

图7.2-2　拉格朗日点

-小物：三体！就是最近大热的《三体》小说里的三体吗？可小说里说三体是混沌没有规律的啊，所以三体人才要占领地球。

+小理：是的，三体问题是个混沌系统，但是地球—太阳—太空望远镜构成的系统非常特殊，太空望远镜只有6.2吨，而地球大概有 6×10^{21} 吨，太阳质量又是地球的33万倍，所以我们完全可以忽略太空望远镜对地球和太阳的影响，这是三体问题中一个非常特殊的情况，太空望远镜（或卫星）的运行轨道是不确定的、混沌的。

－小物：我不太理解，如果牛顿力学是对的，那么三个天体中，小天体的运动轨迹不是确定的吗，为什么还是混沌的呢？

＋小理：这是个好问题，三体问题复杂在于，即使三个物体的运动方程理论上是确定的，我们也得不到这个方程的解析解，也就是说没法写出具体的函数形式，给出任意时间物体位置的准确值。但是我们可以通过数值模拟的方法得到一段时间内运动轨迹的数值解。然而，计算模拟总是有误差的，而三体这样的非线性混沌系统对于误差是非常敏感的，非常小的初始误差都会导致模拟结果在经过一段时间的演化后有非常大的偏差。

小诗：“浑沌”也是庄子给他寓言故事里的主人公取的名字。庄子在《应帝王》中讲了这样一个故事：南海的帝君叫倏，北海的帝君叫忽，中央的帝君叫浑沌。有一天，倏、忽去浑沌的领地做客。浑沌热情地招待了两人。两人觉得要做点什么感谢浑沌，于是想到，人都有七窍来获得视、听等感受，但浑沌没有，所以他们决定帮浑沌凿出七窍。倏、忽每天凿一窍，七天下来七窍凿好了，可浑沌却死了。

－小物：浑沌好冤呀！可庄子到底想说什么呢？

小诗：哈哈！庄子是最喜欢讲故事的，不过他的故事确实都奇奇怪怪，不好懂。其实，“倏”和“忽”都有迅速的意思，表示时间很短，而时间是生命的标尺。

－小物：我好像有点明白了。生命有时限，视、听等感受更有时限。跟倏、忽比起来，浑沌虽然听不到、看不到，也不用吃、不用睡，但他却是可以一直存在的。

小诗：是的。所以浑沌的无其实又是有，倏、忽的有终会归于无。从另一个角度来说，庄子也认为人的感官、智识都是有限的。如果想要去认知一切，可能最后就是浑沌得七窍而死的结果。庄子的想法比较消极，但又道出了事物的复杂本质。

+小理：科学研究是为了不断去认知世界的规律与本质，但越深入越觉得人力渺小。不过还是保持乐观的心态为好，毕竟如果什么都不做，那科学就不会有进步了。

小诗：到了汉代，大家就用“浑沌”，也有写作“混沌”的，表示天地未开时的鸿蒙之状，也就是宇宙的原始状态。我们最熟悉的创世神话——盘古开天地，说的就是浑沌的天地像一个生鸡蛋，盘古在里面不断地生长，最后劈开蛋壳，轻的东西浮上去形成了天，重的东西沉降下来就有了地。所以这里的“浑沌”其实是一个原始的、封闭的、未知的，不断自我演化的东西。

+小理：这就有点和“混沌”作为复杂系统的意思接近了。我们经常也只是猜中了开始，猜不到结局，就比如生活中最常见的天气预报。你知道为什么一般只预测三天以内的天气吗？

小诗：因为预报不准吧！哈哈！

+小理：的确是。因为地球的大气系统就是个典型的混沌系统，具有长期不可预测性。2021 年的诺贝尔物理学奖就授予了研究气候变化等复杂系统的科学家。对于气候混沌性质的研究，起源于 20 世纪 60 年代美国著名气象学家、物理学家洛伦兹长期天气预报的研究。

-**小物**：我记得，“蝴蝶效应”就是洛伦兹提出的吧。

+**小理**：是这样的，1961 年年底某一天，洛伦兹用电脑作数值预报运算。为了省事，他从原先输出的计算结果(0.506127)中选出一行数据(0.506，相当于某一天的天气状况)作为初始值再次运算，随后离开办公室去楼下喝咖啡去了。一个小时后，当他回到实验室，电脑已经运算出两个月后的预报结果了。一看结果，他不禁大吃一惊：新的运算结果与原先的大相径庭！微小的偏差(0.00127)每隔四天就翻一番，直至新旧数据之间的相似性完全丧失为止。后来他发现，正是这初始值小于千分之一的差异，造成了第二次的计算结果和第一次的结果完全不同。

-**小物**：这就是所谓的“蝴蝶效应”？

+**小理**：是的。1979 年 12 月，洛伦兹在美国科学发展学会第 139 次会议上发表了题为《蝴蝶效应》的演讲，提出了一个貌似荒谬的论断——一只蝴蝶在巴西扇动翅膀，有可能会在美国的得克萨斯州引起一场龙卷风，并由此提出了天气的不可准确预报性。

小诗：蝴蝶效应，这个名字起得好，不仅具有深刻的科学内涵和内在的哲学魅力，还具有美学、情感色彩。

-**小物**：原来蝴蝶效应就是混沌。

+**小理**：可以这样理解。蝴蝶效应是混沌系统的本质特征之一，也就是混沌的初值敏感性。需要指出的是，随着非线性科学的发展和计算技术的提高，短期的天气预报越来越准确了，但长期的天气预报还是不太准的。

-**小物**：除了蝴蝶效应，混沌还有其他的显著特征吗？

+**小理**：有的。比如，混沌的另一个显著特征就是演化，它随着时间的推移而不断演进。所以混沌是过程的科学、演化的科学，而不是状态的科学，变是混沌的本性。

小诗：就像我们的宇宙一样，也是在不断演化的，从远古到现在，到未来……

3 人生得意须尽欢——生命的由来

小理的客厅

今日沙龙话题： 我从哪里来？

2021 年 7 月 17 日，晴，湖南长沙天心区

小侄子第一次来我家过夜，这个不到四岁的孩子问了我一个颇有难度的问题：“你知道我是从哪里来的吗？”

我一时不知如何回答，他自问自答：“我妈妈说，我是从石头缝里蹦出来的。”我不禁一笑，小时候我妈妈似乎也是这么回答我的。

他继续说道：“我还知道我们班的其他小朋友是怎么来的，××是从商店买来的，××是医院发的，××是从垃圾堆里捡来的……”不知不觉间，小侄子睡着了。

我翻过身，回味着这些有趣的话语，也不禁想：对啊，我们究竟是从哪里来的？

小诗的回忆

目之所及，皆是生机

历史的长河从未断绝，宇宙的生命从未停息。浩浩万物，茫茫宇宙，世间万事万物的起始与本源都在古往今来的文人墨客与思想家哲人的笔下，留下了不可磨灭的探寻印记。

中国古代的文人学者也不例外，从远古时代起，他们就开始了对世间万物起源的探索与追求。

天地初生之前的"混沌"，乃是远古先民凝聚于神话中的智慧结晶，成了最早的万物之源的代名词。古人认为天地之初就好比一个鸡蛋，"阳清为天，阴浊为地"，然后才有万物化生。这是对宇宙万物生成过程的浪漫总结，与之对应的有"盘古开天辟地"一类对宇宙本源的浪漫想象。

若说"混沌"乃是古代先民对宇宙本源状态的拟想，那么"天枢"则是古人抬头仰望星空时，面对闪烁银河所生发出的最为浪漫瑰丽的联想。"黄帝含枢纽之府，名曰神斗。斗，主也。土精澄静，四行之主，故谓之神斗。"(《尚书·帝命验》)"黄帝坐在太微中，含枢纽之神也。"(《晋书》)"中央黄帝含枢纽。"(《周礼》)纬书中所载"天枢"，永远都是漫天星宿生命运动的中心，在远古先民心中，更成了宇宙生命的发源和万物灵气的起点。

低头俯视大地，混沌生出万物；抬头仰视天空，天枢乃为本源。俯仰之间，满是古代先民对生命本源孜孜不倦的探索与叩求。而在一俯一仰之间，哲人老子也拥有了自己对于生命本源的独特认知："道生一，一生二，二生三，三生万物。万物负阴而抱阳，冲气以为和。"在老子心中，天地本源即为“道”，唯有“道”，才是生出万事万物的根本法则。

但其实，无论是“混沌”还是“天枢”，抑或是老子之“道”，这些神秘而又浪漫的想象背后，都蕴含着先民灌注其中的阴阳相合之思。万事万物皆分阴阳，阴阳相合，乃生万物，如此体大思深之哲理，更加说明：生命之意，在于和谐，在于“生”。对生命本源的探究，实际上是对万事万物“生生不息”之强大生命力的赞叹与歌颂。

南北朝诗人谢灵运便将这种对生命本源的探求，转移到了对生命状态的描摹：

悲哉行

萋萋春草生，王孙游有情。
差池燕始飞，夭袅桃始荣。
灼灼桃悦色，飞飞燕弄声。
檐上云结阴，涧下风吹清。
幽树虽改观，终始在初生。
松茑欢蔓延，樛葛欣蔂萦。
眇然游宦子，悟言时未并。
鼻感改朔气，眼伤变节荣。
侘傺岂徒然，澶漫绝音形。
风来不可托，鸟去岂为听？

原野之上初生的嫩草，天空之中初学飞翔的燕，树枝之上含苞待放的花，屋檐下悠悠飘过的云，山涧中徐徐吹过的风，更有幽郁却又不断重生的芽，以及相互缠绕、枝繁叶茂的蔓，目之所及，皆是生机。

探寻生命本源的意义或许就在这里。

万物之本，生命之源，对我们来说不仅意味着一种科学的结论，更代表着对生命意义的启发。

万物有本，生命有源，而这样的本源又融于生命之中，生机勃勃，生生不息。

小理的客厅

今日沙龙话题：　生命从何而来？

小诗：“萋萋春草生，王孙游有情。差池燕始飞，夭袅桃始荣。”在古人眼中，生命的活力是多么使人动容啊！

+小理：没错，生命的起源同样是物理学中非常有意思的话题。

-小物：我知道构成生命有机体最基本的元素是碳，那碳元素又是从何而来的呢？

小诗：我也很疑惑，碳元素总不会平白无故出现吧。

+小理：还真让你说准了，碳元素的产生确实有点偶然。目前地球上已发现的生物都是基于碳元素形成的有机物构成的。碳元素主要由恒星中 3α 反应形成，就是 3 个氦原子核聚变成 1 个碳原子的过程。

-小物：那这个过程具体是什么样的呢？

+小理：氢原子核聚变形成氦原子核，然后首先由两个氦原子核结合形成一个铍原子核，接下来至关重要的一步是铍原子核和一个氦原子核形成一个碳的共振态(Holye 态)。现在我们已经可以通过超级计算机来模拟碳元素合成的过程，精确计算 Holye 态的能量。

小诗：看来，这个 Holye 态至关重要。

+小理：是的。这个 Holye 态的存在使得铍原子核和氦原子核反应的概率大大提高。它的能量取决于电磁相互作用的强度，如果电磁相互作用强度增大6%，那么铍原子核和氦原子核反应放出的能量不够形成这个共振态，宇宙中就不会有足够多的碳元素构成碳基生物；如果电磁相互作用强度降低4%，那么3α反应太容易发生，宇宙中不会有足够的氦元素剩余下来继续与碳结合形成氧，就不会有我们熟知的生命形式存在了。

小诗：这么看来，碳的形成完全是巧合，所以宇宙中生命的诞生其实也是一种可遇不可求的巧合？

+小理：这么想也没错，从物理学来看，碳基生命的产生是非常神奇的，需要宇宙中的各种常数有奇妙的巧合，才能支持碳基生命存在。

-小物：除了Holye态，还有影响碳基生命形成的重要因素吗？

+小理：有的。除了前面提到的碳的Holye态，另一个影响碳基生命形成甚至整个宇宙物质形态的基本常数是构成中子、质子的夸克的质量、电荷。中子可以简单看作由2个d夸克和1个u夸克构成，而质子由2个u夸克和1个d夸克构成。中子大概比质子重0.2%，就是这0.2%使得宇宙中的物质能以现在的形态稳定存在。

-小物：如果这0.2%的数值发生了改变，是不是就意味着整个宇宙都会发生天翻地覆的改变？

+小理：没错，如果质子比中子重，那么质子会很快衰变为不带电的中子，就不会再和电子结合形成各种原子。如果中子的质量再大一点，那么中子在原子核中也不能稳定存在，会衰变为质子，带正电的质子之间的斥力会将原子核撕碎，那么整个宇宙中只会留下氢元素，这样就不会有碳基生命存在了。

-小物：如果很不幸，碳基生命没有出现，那其他形式的生命又是否会出现呢？

+小理：有很多科幻作品中设想了各种生命形式，比如硅基生命、纯能量生命、中子星生命等。但是目前还没有发现这些奇特的生命形式。这些形式也在拓展人类对于生命的理解和定义。

小诗：说不定碳基生命反而是较为罕见的。但是在宇宙中确实诞生出了碳基生命，又该如何解释它的必然性呢？

+小理：尽管碳基生命的产生与否由很多因素决定，但这种必然性是有理论解释的。碳基生命是出现在刚好当精细结构常数的值能够使得足够的碳元素、氧元素合成的时期。精细结构常数就是描述电磁相互作用强弱的常数，有些理论认为它是随着时间非常缓慢变化的，它会影响前面提到的 Holye 态的能量，进而影响形成足够多的碳、氧元素支持碳基生命出现。

-小物：这么说来，碳基生命的存在其实是整个宇宙环境作用的产物，那为什么目前只有地球存在着生命，是因为生命的产生还需要其他特殊条件吗？

+小理：是的，前面说的只是足够的碳、氧元素能存在的条件，但要产生复杂的碳基生命，还有很多苛刻的条件，比如：恒星不能太大，否则寿命太短；也不能太小，否则不足以提供足够的能量。行星到恒星的距离要在一个合适的范围内，使得生命活动需要的生化反应有条件发生。恒星系也不能太靠近星系核，否则恒星密度大，超新星爆发事件多，距离近，超新星爆发时会发出高能的辐射杀死生命。

小诗：对啊，如果是这种情况，是不是就意味着其他星球应该也会有生命的存在？

+小理：当然，虽然条件苛刻，但宇宙中恒星系的数量还是非常多的，可能满足条件的恒星系除了地球也很可能还存在别的。如果不局限于碳基生命，那可能性就更大了。

小诗： 哇！这样听来好像科幻片正在上演。

-**小物**：刚好最近有一部科幻电影上映，待会要不要约起来？

小诗与小理相视一笑：当然要！

4 世界微尘里——宇宙研究的尺度

小理的客厅

今日沙龙话题： 蒲公英游记

2018 年 10 月 3 日，晴，湖南长沙雨花区

那是一个缝隙，满眼的水泥中间，一棵蒲公英坚守着它的“阵地”。它已生长得饱满，有了要脱落的迹象。一阵风吹来，毛茸茸的它便飘向远方。

你说，被吹散的蒲公英会去哪里？

浩瀚是无垠的宇宙，渺小是一粒蒲公英种子。

它可以去往任何一个地方，但它最终会落在土里。

小诗的回忆

微尘容世界，芥子纳须弥

关于无垠宇宙的思考，古人往往从一粒微尘出发，既然浩瀚不可考量，不如视为沧海一粟。

“应知极微是细色，不可断截破坏贯穿，不可取舍乘履抟掣，非长非短，非方非圆，非正不正，非高非下，无有细分，不可分析，不可睹见，不可听闻，不可嗅尝，不可摩触。故说极微是最细色，此七极微，成一微尘，是眼识所取色中最微细者”是《大毗婆沙论》中的思索；“何故信凡人之臆说，迷大圣之妙旨，而欲必无恒沙世界、微尘数劫也”是《颜氏家训·归心》中的思量；“法王自在，变化无穷，置世界于微尘，纳须弥于黍米”是《北齐书·樊逊传》中的钻研；“十方、三世，所有微尘非他，知见而已矣”是龚自珍《法性即佛性论》中的参悟。

浩瀚无垠的宇宙，在禅意哲理与文人的思索中，可以成为一粒微尘或芥子。

李商隐也曾将自己的思考凝于《北青萝》中，渗透着哲思、禅意与慧想：

残阳西入崦，茅屋访孤僧。
落叶人何在，寒云路几层。
独敲初夜磬，闲倚一枝藤。
世界微尘里，吾宁爱与憎！

短短一首诗，写的是诗人趁着夕阳探访孤僧的游记故事，是落叶满地、云路几层的静谧画卷，是独敲夜磬、闲倚枝藤的悠然自得，更是李商隐哲思情理的内涵体现。

“世界微尘里，吾宁爱与憎！”面对满地的落叶与层层的云朵、幽静的山川与闲适的生活，僧人给予诗人李商隐看待世界的别样视角。世界太大，无法把握，但其实世界就存在于一粒粒微尘之中，正是它们的汇聚才构成了万物、世界、宇宙。

李商隐得到了顿悟，既然广阔的宇宙都只存在于微尘之中，那爱与憎又何值一提？“苦海迷途去未因，东方过此几微尘？”在《送臻师二首》(其二)中，李商隐便将这种爱恨烦恼消解于微尘之中。

对世界大小的思考，不仅给予李商隐最真挚的慰藉，更启迪着一代代文人的思考。白居易写：《维摩经·不可思议品》云“芥子纳须弥”。须弥至大至高，芥子至微至小，岂可芥子之内入得须弥山乎？假如入得，云何得见？白居易将这种思考以芥子与须弥告知世人。

但对此的质疑也不无存在。

唐朝江州刺史李渤曾问智常禅师：“教中有言：‘须弥纳芥子，芥子纳须弥。’如何‘芥子纳须弥’？”

智常禅师听后，反问李渤：“人言博士学览万卷书，还是否耶？”

李渤说：“忝此虚名。”

“摩踵至顶，只若干尺身。万卷书，向何处着？”智常禅师继续问。

李渤俯首无言，再思称叹。

芥子须弥与世界微尘，凝聚的是佛语禅意对人生的宽慰、对世界的思量和对宇宙的思考。古往今来，多少文人都在此启迪下，书写自己对世界、对宇宙的看法。

“一兴微尘念，横有朝露身”是王维对禅宗的坚持，“至理之所在，太山等微尘”是陆游对自己的劝告，“世界几痕梦，微尘万座莲”是谭嗣同对所遇人生坎坷的宽慰，“我念过去微尘劫，与子禅门同正法”是张说遁入空门的信仰……

“寄蜉蝣于天地，渺沧海之一粟”，苏轼借“蜉蝣”和“沧海”来抒发自己对人生须臾、生命虚无的感慨，但正是蜉蝣的存在，才构成了天地；正是一粒粒粟米，才有了沧海。就如同芥子纳须弥，是毫无疑问的事理，但须弥纳芥子，才是宇宙真正的衡量。世界微尘、芥子须弥，抑或是天地蜉蝣、沧海一粟，浩瀚无垠的宇宙于我们是广阔的，但其实也是渺小的，那么何不“挟飞仙以遨游，抱明月而长终”？

世界可大，大到无边无际，不可捉摸；世界可小，小到微尘能容，芥子可纳。

小理的客厅

今日沙龙话题：粒子和暗物质、暗能量

–小物：在我们的日常生活中，可以用厘米、毫米、微米、纳米等衡量长度，可以用平方千米、公顷、平方米、平方分米等衡量面积，可以用吨、千克、克等衡量质量，但好像没有什么尺度可以衡量宇宙。

+小理：我们可以从时间和空间两个维度来衡量宇宙。据估算，可观测宇宙的半径大约是470亿光年，而目前人类所观测到的最小的空间尺度便是基本粒子尺度10^{-19}米；已观测物质中可以用以描述的最长的时间尺度是质子寿命的下限10^{34}年，最短时间尺度是10^{-20}秒，对应着最不稳定粒子(W玻色子、Z玻色子)的寿命。

–小物：这么极限的尺度是怎样测量的呢？

+小理：这些尺度的测量需要非常精密和尖端的装置。例如为了研究质子的衰变，测量质子的寿命，人类建造了一个巨大无比的探测器，称为神冈探测器，位于日本，其中装有3000吨超纯水作为探测介质，1000

多个光电倍增管作为探测装置。后来又升级为超级神冈探测器(50000吨超纯水，10000多个光电倍增管)，它给出了质子寿命的下限，并偶然探测到了超新星(SN 1987A)爆发释放的中微子。1998年，科学家证实中微子有很小但不为零的质量，这是粒子物理学、中微子天文学的一个极其重要的里程碑。对中微子质量的研究，也许可以揭示宇宙更为本质的规律。

小诗：宇宙最大与最小的尺度间存在着关联吗？

+小理：存在，它们是相互影响的。宇宙的大尺度结构如宇宙中星系、星系团的分布由占宇宙总物质能量25%左右的暗物质的引力决定。因此，微观尺度暗物质粒子的性质对宇宙的形成有非常重要的影响，例如它的稳定性决定了宇宙演化到现今仍有足够多的暗物质留下来，以提供足够的引力使星系聚集，并影响星系的分布。

-小物：那宇宙总物质能量剩下的75%是什么呢？

+小理：剩下的75%包括两部分，其中5%是普通物质(绝大多数是氢和氦)，70%是暗能量(比暗物质更为神秘，目前普遍认为它主导了宇宙的加速膨胀，但我们对暗能量的性质知道得还非常少)。

小诗：暗物质的存在有什么证据吗？

+小理：现在还没有确切的证据，因为暗物质非常难探测，需要隔绝高能宇宙射线的干扰，所以探测暗物质粒子的实验装置大多安置在山体下方，要用厚达几百米甚至几千米的岩石作屏蔽。

-小物：看来，又需要高精尖“神器”了，我们国家有没有开展这方面的建设呢？

+小理：有的。目前世界上最深的实验室就建在四川锦屏山下2400米的隧道中。我国已开展暗物质实验(China Dark matter Experiment，简称CDEX)、粒子和天体物理氙探测器实验(Particle and Astrophysical Xenon Experiments，简称 PandaX)。PandaX 使用高纯度的液氙作为探测媒介，当暗物质粒子与氙原子相互作用后，会产生微弱的光信号，将这些微弱的光信号收集分析，就可以从中找到暗物质的迹象。

-小物：那这个“神器”，探测到了暗物质吗？

+小理：很遗憾，目前还没有确切地找到暗物质，但有一些间接证据表明了暗物质的存在，如弱引力透镜、子弹星系团观测到的质量中心与可观测物质中心不重合等。

-小物：等等，新的名词出现了。“弱引力透镜”和“子弹星系团质量中心”又是什么？它们为什么能证明暗物质的存在？

+小理：弱引力透镜指的是处于暗物质晕后面的星系发出的光在暗物质晕的引力作用下偏转。子弹星系团质量中心标志了普通物质的分布中心，而通过观察可观测物质中心，两者不重合表明子弹星系团中含有大量不发光的物质。

小诗：那暗能量岂不是更难探测？

+小理：确实是这样，目前还没有什么有效手段来直接探测暗能量，但也有一些间接证据，例如目前哈勃空间望远镜对超新星的观测，还有普朗克卫星的观测，发现宇宙的膨胀并没有在引力作用下减速，而是在加速，这间接表明了暗能量的存在。直至今日，暗能量仍是最大的宇宙未解之谜。

-小物：面对这么难以观测的物质，科学家们都能坚持开展研究，看来现在的科学技术手段真是越来越发达了。科学家不断求索的精神更令人敬佩！

5 明日登峰须造极——宇宙的未来

小理的客厅

今日沙龙话题： 惊吓还是惊喜？

2017 年 4 月 26 日，晴，湖南长沙天心区

高中仿佛是由一次次模拟考组成的。昨天才考完试，今天成绩就出来了，我的英语作文竟然没有分数！仔细检查后发现，这次的答题纸作文部分从第二页右下角开始，我没有看到，直接在第三页作答，于是老师认为我没有写。心情一下子跌到谷底。英语老师叫住我："我看了你这次的作文，写得不错，只可惜不能得分，下次可得细心啊。答题纸留下吧，我待会复印了发给同学们当范文。"我瞬间开心起来。

惊喜和惊吓哪一个会先来，就像未来和意外哪个会先来，谁也无从知晓，因为"未来"未来。

古人对于“宇宙”的思考，远比我们想象的更加丰富，也更加深入。曹操《观沧海》“日月之行，若出其中；星汉灿烂，若出其里”是对遥远星空的幻想；《庄子·秋水》“吾在天地之间，犹小石小木之在大山也”是对无垠宇宙的衡量；苏轼《赤壁赋》“哀吾生之须臾，羡长江之无穷”是对无穷世界的赞叹；王勃《滕王阁序》“天高地迥，觉宇宙之无穷；兴尽悲来，识盈虚之有数”是对神秘宇宙未来的探寻。

星月漫天，是宇宙独具特色的浪漫；浩瀚无垠，是宇宙令人神往的秘密。已经存在了千万年的古老宇宙从何处来，已经无法知晓；而宇宙将会走向何处，常成为古人思考的对象。

田园隐者陶渊明，就曾在阅读《穆天子传》、浏览《山海经》时，对无穷宇宙进行了探索与思考。

读山海经十三首（其一）

陶渊明

孟夏草木长，绕屋树扶疏。
众鸟欣有托，吾亦爱吾庐。
既耕亦已种，时还读我书。
穷巷隔深辙，颇回故人车。
欢然酌春酒，摘我园中蔬。
微雨从东来，好风与之俱。
泛览周王传，流观山海图。
俯仰终宇宙，不乐复何如？

孟夏时节，草木茂盛，房屋环绕，绿树成荫。众鸟欢欣，有所寄托，茅庐虽陋，吾独爱之。耕种的时候已经过去，我常常回到这所小茅庐读我爱看的书，僻静的村巷中远离尘世的喧嚣，即使是老朋友驾车探望也难到达常选择转头而去。独自欢快地饮春酒，采摘园中的蔬菜，好不惬意！清爽的东风徐徐吹来，夹杂着细雨飘然而至。

诗人陶渊明居所之幽静，生活之惬意，心境之悠闲，让人羡慕。正是在如此自乐自得的生活环境中，陶渊明才更能安心读书、思索回味，参悟宇宙人生之哲理。

《穆天子传》与《山海经》，都带给陶渊明无尽的乐趣和启发，低头读书，抬头思考，俯仰之间，书中呈现的宇宙奥秘就印入了诗人的脑海。

“俯仰终宇宙，不乐复何如?”无论俯仰几次，宇宙终究是那个宇宙，仿佛不会有任何改变。

宇宙存于此处，是广阔浩瀚的浪漫寄托；宇宙未来如何，是神秘未知的好奇思索。既然宇宙浩瀚无可探求，未来神秘不可预测，何不把握当下，享受这瞬间的快乐。

神秘的宇宙和未来，并没有给陶渊明带来不可破解、不可把握的困扰，却让陶渊明的生活更添一份怡然与自得。

对于宇宙未来的追问，陶渊明选择了“放弃”，但这种放弃却充满一位隐者的智慧与思考。在面对同样的问题时，古人往往流露出相似的心境与体悟。

风入松·西山

秦　观

崇峦雨过碧瑶光。花木递幽香。青冥杳霭无尘到，比龙宫、分外清凉。霁景一楼苍翠。薰风满壑笙簧。

不妨终日此徜徉。宇宙总俳场。石边试剑人何在，但荒烟、蔓草迷茫。好酹杯中芳酒，少留树杪斜阳。

雨过天晴，草木芬芳，满眼苍翠，分外清凉。雨后之景，在凄清中透露出美丽，词人秦观在面对此情此景时，同样发出了“不妨终日此徜徉。宇宙总俳场”的号召。

神秘宇宙不可预测，但它始终是宇宙，无可更改。何不徜徉于宇宙之间，享受当下的快乐。

小孤山

谢枋得

人言此是海门关，海眼无涯骇众观。

天地偶然留砥柱，江山有此障狂澜。

坚如勇士敌场立，危似孤臣末世难。

明日登峰须造极，渺观宇宙我心宽。

“明日登峰须造极，渺观宇宙我心宽”，充满了乐观积极的雄心壮志，宇宙虽浩瀚无垠、深不可测，但我们却可“渺观”，即豪迈乐观地加以看待。

就像词人吴潜所言：“问古今、宇宙竟如何，无人省。”(《满江红·齐山绣春台》)古往今来，宇宙一直以最神秘的姿态呈现于世人面前，它的磅礴浩瀚，它的变化莫测，它的温柔浪漫，都为宇宙增添了无限的魅力，使之成为文人笔下最为神秘又引人入胜的存在。

的确，宇宙的过去已经过去，往事难追矣；未来充满未知，前路难测矣。

宇宙的未来尚未确定，何不学习陶渊明、秦观、谢枋得等，把握当下，学会放下，豪迈视之，旷达待之。

小理的客厅

今日沙龙话题：宇宙的未来在哪里？

小诗： 古人曾用"花开有落时，人生容易老"揭示自然万物与人生岁月不可逆转的规律，那么浩瀚宇宙是否也会如自然万物与岁月人生一般，走向不可避免的衰老与灭亡？

+小理： 宇宙确实像人一样，也有自己的命运，它的尽头是什么，现在科学家有多种猜想。宇宙的命运取决于物质（暗物质与普通物质）之间的引力与主导宇宙膨胀的暗能量的博弈，当物质能量密度超过临界密度，整个宇宙由引力主导，宇宙膨胀速度会逐渐降低，在遥远的未来停止膨胀转向收缩，这种情况称为大挤压，所有的物质在彼此引力作用下靠近，重新收缩到一个奇点，有可能成为下一个宇宙的种子。

-小物： 如果物质能量密度小于临界密度呢？

+小理： 如果物质能量密度小于临界密度，则整个宇宙由暗能量主导，宇宙会一直加速膨胀，直到所有的物质被分解为相隔遥远、没有相互作用的基本粒子，这就被称为大撕裂，也称为"热寂"。

小诗： 就像佛家说的"圆寂"吗？

+小理： 可以这样理解。如果宇宙的物质能量密度刚好等于临界密度，引力会使宇宙膨胀速度减缓，但又不发生坍缩的现象，保持固定的大小成为平直宇宙。

-小物： 那就相当于永生了。未来的宇宙会以上述三种方式延续下去吗？宇宙的命运是否还有其他可能呢？

+小理：有的。1934 年理查德·托尔曼提出了一个振荡宇宙模型，后来罗杰·彭罗斯又进一步提出了循环宇宙理论。当引力主导时，所有的物质在彼此引力作用下靠近，可能会再在某个阶段转向暴涨，如此循环。

小诗：哈！这就是轮回了！也不知道我们现在是第几次轮回。

+小理：这个现在还不清楚，循环宇宙论也只是一个推测，现在的观测还不知道这个理论是不是对的。科学家在对普朗克卫星微波背景辐射精细观测的数据进行分析时，发现了一些温度和周围存在显著差异的点，这可能是前一个宇宙留下的遗迹。

小诗："三世因果，循环不失"，如果宇宙在循环中，是不是终有一天能回到从前的模样？

+小理：前面我们提到过混沌，宇宙的粒子总数非常大，当挤压到一定程度，也可以看成一个非常复杂的混沌系统，也许一点点的差别就会导致下一个宇宙迥然不同。况且，如果什么都完全一样，不是太乏味了吗？

小诗：看来古代先民的思考确实凝聚着极大的智慧，无论是"不妨终日此徜徉。宇宙总俳场"的怡然自乐，还是"明日登峰须造极，渺观宇宙我心宽"的积极向上，对未来的自信总胜过对未来的忧愁。

-小物：没错，古人的智慧值得我们学习。

+小理：毕竟"未来"未来嘛！

后记

2022年8月11日，是本书开题的日子，也是中南大学文学团队师生和孙克辉院长、阳军亮副院长领衔的物理学师生团队第一次见面的日子。

物理院会议室又长又宽的会议桌，一边坐的是文学团队，另一边坐的是物理学团队，泾渭分明。

真的是泾渭分明。我们几乎是谁也不认识谁，正像我们原本以为的：文学与物理，谁也不认识谁。

说互不认识，倒也不全对。因为文学团队的中坚力量习婷老师和物理学团队的李业军老师是中学同班同学，我猜他们平时联系可能也极少——毕竟一位是古代文学方向的副教授，一位是物理学方向的副教授，要找到太多共同语言恐怕不容易。但因为我们的团队在中南大学相继做了几个堪称“爆款”的文工交叉研究与科普项目如《诗话桥》与《金粉传奇》等，李业军老师大概是受物理院的委托和习婷老师接了一下头，初步打探了我们做跨学科研究的些许经验，然后就促成了这一次正式会谈。

除了习婷与李业军两位老师，与会者几乎全是陌生的面孔，气氛略显凝滞。我说：对面坐的全都是物理学霸，我们这边坐的全都是曾经的物理学渣。真没想到，有一天，我们会有这样大眼瞪小眼相对而坐的机会。

老实说，当我们这样面对面坐下来的时候，谁也不知道接下来该“研讨”什么，能“研讨”什么。我们只知道，我们要在一起合作做一件“大事”，但这件“大事”如何开始、如何进行、要取得何种成果等，脑子里还是一片空白。当那些陌生的眼神越过宽宽的会议桌偶尔交汇的时候，彼此读出来的全是茫然、好奇，当然，更多的是怀疑。

于是，我们的第一次“研讨”就这么尴尬地开始了：在各个领域有着精深研究的物理学教授们不得不打起精神来，回答文学人一个又一个无比幼稚的问题，从最简单最基本的原理开始，向我们费力地解释着力、声、光、电、热等。最尴尬的场景出现在年轻帅气的熊小努教授介绍天文宇宙的环节，他从容而淡定地演示与讲解，我们目不转睛地看着那些“炫酷”的课件，支棱着耳朵不敢漏掉他讲的每一个字。当他终于讲完的时候，我看了看身边的文学人，从大家的面面相觑中，我看到了答案：他们和我一样，几乎是一个字也没听懂。

我厚着脸皮问对面的物理学霸们：请问物理学院的老师们，你们都听懂了吗？

除了主讲人熊小努教授，所有人都摇头笑着说：我们也听不懂。

会议室的气氛一下子轻松下来，我们都笑了——准确地说，是我们文学人不再自卑了。因为无论是怎样顶尖的学者，都会不可避免地存在知识“盲区”，即使身处同一个学科，在越来越细分的专业领域里，大家几乎都是锁在相望相闻却不相往来的“金城汤池”里——我们都知道彼此的存在，却无法确切地知道彼此是怎样的存在。

文学与物理第一次有预谋的相聚，一点都不浪漫。但正是这次不浪漫的相聚，让我升腾了深入合作的信心：是时候打破森严的壁垒了！而最具突破性勇气，同时又最具开放性和包容性胸怀的学科，或许就是文学。

“物语诗心”的奇妙之旅从此开始。此后的工作几乎可以说是紧锣密鼓地展开：线上和线下的讨论从未间断，并且我们很快理清了思路，确定了基本结构，明确了各个小分队的分工，安排了推进工作的具体日程。为了帮助文学团队的师生尽快进入“物理状态”，我还购买了李约瑟的《中国科学技术史》，“命令”大家认真阅读各自负责的相关部分——作为声学一章的主要执笔者，我是将这部分复印下来，出差路上还随身携带反复翻看。“潜伏”在各个小分队微信研讨群里的我，也总是会为团队讨论碰撞出来的各种“火花”莫名地兴奋——虽然文学与物理的第一次见面没有“一见钟情”，其后却表现出了“日久生情”的巨大潜质。

如果要问我，这一年的合作带给我最独特的感受是什么，或许就是我们密切而深入的交流，让物理学研究者理解了文学背后的科学神悟与理性向往，也让文学研究者发现了物理学深蕴的情感魅力与哲学默契。

印象最深的一次讨论是，我在准备一场古典诗词讲座的课件时，因为讲到白居易和元稹的友谊以及元稹的《梁州梦》，突然想起文学表达中频见的这类“心灵感应”，是否和物理学上的“量子纠缠”颇有相通之处呢？我把这个疑问发到讨论群里，同时，为了说明相似的文学表达并不是个例，我还顺手发了当代诗人余秀华的诗《神赐的一天》：

牵牛花把蓝都举在篱笆上，风从远方吹来
草木繁茂
每一种味道都穿过我，温润，甜蜜

那时候我在广袤的原野上，看见你的城市
反出的光芒

就知道你拎着一篮苹果过了马路

所有的提示都在这里了

这神赐的一天：你我安于人世

这是多珍贵的礼物

我在群里问：白居易和元稹的“神感应”，以及余秀华诗中的“我”在广袤的原野上闻到蓝色牵牛花的香味，同时看到“你”在另一个城市拎着一篮苹果过马路，这样的“蒙太奇”是不是就是你们说的“量子纠缠”呢？

群里顿时热闹起来，文学人与物理人争先恐后发表着各自的意见。最“震撼”的是束传存教授居然甩出了一组公式来说明诗中的“我”和“你”在人世间的四种纠缠态：

$$|\Phi^+\rangle=\frac{1}{\sqrt{2}}(|0\rangle_A\otimes|0\rangle_B+|1\rangle_A\otimes|1\rangle_B)$$

$$|\Phi^-\rangle=\frac{1}{\sqrt{2}}(|0\rangle_A\otimes|0\rangle_B-|1\rangle_A\otimes|1\rangle_B)$$

$$|\Psi^+\rangle=\frac{1}{\sqrt{2}}(|0\rangle_A\otimes|1\rangle_B+|1\rangle_A\otimes|0\rangle_B)$$

$$|\Psi^-\rangle=\frac{1}{\sqrt{2}}(|0\rangle_A\otimes|1\rangle_B-|1\rangle_A\otimes|0\rangle_B)$$

他在群里说：A 是“我”，B 是“你”，0 表示“不平安”，1 表示“平安”。“我”和“你”最好的“纠缠态”是都平安于世：我平安地闻着花香，你平安地拎着苹果过马路。这个公式用到物理的两个粒子就是纠缠态，类比到诗歌中，就是作者和远方思念的那个人。

束教授还说：这四种“纠缠态”，有的美好，有的不美好，其实“纠缠”都是美，也都是悲……

虽然我并没有看懂公式，但物理人如此浪漫又如此现实的解释，我无比赞同。

原来，诗词里的“但愿人长久，千里共婵娟”“身无彩凤双飞翼，心有灵犀一点通”“今夜鄜州月，闺中只独看”……其实都是悲而美的“纠缠态”。

后来，这一次讨论成了本书第六章第五节《心有灵犀一点通——光的量子特性》的主要内容。

如是场景，在团队线上线下的“争吵”中出现得极为频繁。

“吵”过无数次后，我们终于从第一次见面眼神交汇的陌生与怀疑，到后来经常交换一个会心的微笑（有时候是不约而同的爆笑），我们惊喜地发现，文学人的眼神里有了物理的光芒，而物理人的微笑里有了文学的清香。

还有一次，人文学院部分师生在平江召开杜甫研讨会，一天的学术研讨结束后，从会议室出来时正是黄昏时分，夕阳斜斜地扑在草坪的两架秋千上，让人不由得想起那几句动人的词：“黄蜂频扑秋千索，有当时、纤手香凝。”几个学生欢呼着跑过去，站到秋千上，几经折腾却发现秋千一点都不听使唤，总在原地摇摆，完全没有想象中的上下翻飞。我看到一边旁观的黄心怡同学，于是问她：“《物语诗心》关于秋千的那一节是不是你写的？”心怡笑着说：“秋千那节是唐苗写的，我们也看过，但那完全是纸上谈兵，我可不会荡秋千。”我怂恿她：“你试着用理论指导实践看看嘛。”黄心怡不敢违抗师命，磨磨蹭蹭站到了秋千上，秋千照样一点都不听话地原地摆了两下。心怡停下来，一边回忆一边慢慢试探，还喃喃地念叨着：秋千在过最低点的时候应该快速站起来提高重心，荡到最高点的时候应该立即蹲下……反复数次，秋千居然越荡越高，越荡越得心应手，真是应了《秋千词》中描述的风景：“长长丝绳紫复碧，袅袅横枝高百尺。少年儿女重秋千，盘巾结带分两边……”我忍不住拍下视频，发到讨论群中，“证明”文学和物理学科交叉合作的又一“重大”实践成果。

惊喜总在这些不经意的时候，让我们突然发现：原来在生活的寻常里，处处都是可爱的物理。

我很喜欢这种变化，物理人变得不再那么“物理”，文学人变得不再那么“文学”。我们尝试着站在对方的视角来看待同一个问题，物理院会议室里那张宽宽的会议桌不再是距离的阻隔，而是一个具有巨大吸引力的磁场。

我们没有变成彼此，但我们理解了彼此。

原来，文学人与物理人之间的距离，只隔了一本《物语诗心》。

感谢湖南教育出版社社长刘新民先生的慧眼识珠与热情邀约——当然前提是我们创作团队自信《物语诗心》的确是一颗精心酝酿的珍珠；也谢谢本书的责编初虎林等，正是我们的共同努力，让文学与物理的这一次“联姻”能够以最美好的形式呈现给所有人，让我们对知音相惜的未来充满期待。

杨　雨

2024 年 3 月 27 日

图书在版编目(CIP)数据

物语诗心. 从诗词到物理的思维旅行 / 阳军亮, 杨雨, 孙克辉著. —长沙:湖南教育出版社, 2024. 5(2025. 4 重印)
ISBN 978-7-5539-9931-9

Ⅰ. ①物… Ⅱ. ①阳… ②杨… ③孙… Ⅲ. ①物理学—普及读物 ②古典诗歌—诗歌欣赏—中国—普及读物 Ⅳ. ①O4-49 ②I207. 2-49

中国国家版本馆 CIP 数据核字(2023)第 252758 号

物语诗心——从诗词到物理的思维旅行
WUYU SHIXIN——CONG SHICI DAO WULI DE SIWEI LÜXING
阳军亮　杨　雨　孙克辉　著

策　　划: 刘新民　莫　艳　初虎林
责任编辑: 初虎林　胡雅琳　张　洵
责任校对: 刘婧琦　王怀玉
装帧设计: 杨发凯
插　　图: 丁文姝　苏十美　束传存　樊丽宝　蒋　毅　洪倩倩　刘扬帆
李业军　李恒月　刘　标　刘　瑶　银　恺　杨倩旎　罗紫彦
孙克辉　熊小努　彭　政　肖　思　阳军亮
出版发行: 湖南教育出版社(长沙市韶山北路 443 号)
网　　址: www. bakclass. com
微 信 号: 湘教智慧云
移动应用: 贝壳网 App
客服电话: 0731-85486979
经　　销: 湖南省新华书店
印　　刷: 湖南省众鑫印务有限公司
开　　本: 710 mm×1000 mm　16 开
印　　张: 20. 5
字　　数: 260 000
版　　次: 2024 年 5 月第 1 版
印　　次: 2025 年 4 月第 3 次印刷
书　　号: ISBN 978-7-5539-9931-9
定　　价: 59. 00 元
